essentials

Essentials liefern aktuelles Wissen in konzentrierter Form. Die Essenz dessen, worauf es als „State-of-the-Art" in der gegenwärtigen Fachdiskussion oder in der Praxis ankommt. *Essentials* informieren schnell, unkompliziert und verständlich

- als Einführung in ein aktuelles Thema aus Ihrem Fachgebiet
- als Einstieg in ein für Sie noch unbekanntes Themenfeld
- als Einblick, um zum Thema mitreden zu können

Die Bücher in elektronischer und gedruckter Form bringen das Fachwissen von Springerautor*innen kompakt zur Darstellung. Sie sind besonders für die Nutzung als eBook auf Tablet-PCs, eBook-Readern und Smartphones geeignet. *Essentials* sind Wissensbausteine aus den Wirtschafts-, Sozial- und Geisteswissenschaften, aus Technik und Naturwissenschaften sowie aus Medizin, Psychologie und Gesundheitsberufen. Von renommierten Autor*innen aller Springer-Verlagsmarken.

Gerald Gerlach • Thomas Härtling
Marco da Silva

Einführung in die Sensorik: Grundlagen

Ein Kursbuch für Studierende

Springer Vieweg

Gerald Gerlach
Institut für Festkörperelektronik
TU Dresden
Dresden, Deutschland

Thomas Härtling
Fraunhofer Institut für Keramische Technologien und Systeme IKTS sowie Institut für Festkörperelektronik, TU Dresden
Dresden, Deutschland

Marco da Silva
Institut für Elektrische Messtechnik
Johannes Kepler Universität Linz
Linz, Österreich

ISSN 2197-6708 ISSN 2197-6716 (electronic)
essentials
ISBN 978-3-662-73451-3 ISBN 978-3-662-73452-0 (eBook)
https://doi.org/10.1007/978-3-662-73452-0

Die Deutsche Nationalbibliothek verzeichnet diese Publikation in der Deutschen Nationalbibliografie; detaillierte bibliografische Daten sind im Internet über https://portal.dnb.de abrufbar.

Planung/Lektorat: Luana Lo Piccolo
Springer Vieweg ist ein Imprint der eingetragenen Gesellschaft Springer-Verlag GmbH, DE und ist ein Teil von Springer Nature.
Die Anschrift der Gesellschaft ist: Heidelberger Platz 3, 14197 Berlin, Germany

Was Sie in diesem *essential* finden können

- Einen Überblick zu den allgemeinen Grundlagen von Sensoren, in knapper und anschaulicher Weise dargestellt
- Eine Erklärung, was Sensoren sind und aus welchen Komponenten sie bestehen
- Eine anschauliche Erläuterung der Zusammenhänge zwischen Messtechnik und Sensorik
- Die Möglichkeiten der Klassifizierung von Sensoren, um den Überblick über die unermessliche Anzahl an Sensortypen und –arten zu behalten
- Die Beschreibung der wichtigsten Eigenschaften von Sensoren und wie sich diese in den von den Sensorherstellern bereitgestellten Datenblattangaben wiederfinden
- Grundlagen zu den wichtigsten Messmethoden, die in der Sensorik Verwendung finden
- Demonstration, wie sich durch bestimmte Messmethoden (Differenzmethode, Kompensationsmethode) die Eigenschaften von Sensoren hinsichtlich Sensitivität, Störgrößenunterdrückung und Verbesserung der Linearität verbessern lassen
- Einen Einblick in die Wandlertypen für die Wandlung nichtelektrischer Messgrößen in elektrische Sensorsignale einschließlich Schlussfolgerungen für die Eigenschaften und Einsatzgebiete der entsprechenden Sensoren

Interessenkonflikt Die Autoren haben keine relevanten Interessenskonflikte im Zusammenhang mit dieser Publikation.

Inhaltsverzeichnis

1 Einleitung

Der Begriff „Sensor“ stammt vom lateinischen Wort *sentire* ab, was *wahrnehmen, fühlen* oder *spüren* bedeutet. Das lateinische Substantiv *sensor* würde also *derjenige, der wahrnimmt/fühlt* bedeutet. Das Wort Sensor in seiner modernen technologischen Bedeutung hat in den ersten Jahrzehnten des 20. Jahrhunderts allmählich Eingang in den Sprachgebrauch gefunden. Er wurde geprägt, um etwas zu beschreiben, das physikalische Phänomene wie Temperatur, Druck, Licht oder Bewegung *wahrnimmt.*

Die moderne Entwicklung von dem, was wir heute als Sensoren bezeichnen, begann im 19. Jahrhundert mit der Entdeckung des thermoelektrischen Effekts und seiner Verwendung in Thermoelementen durch Thomas Seebeck (1821) (Brostow et al. 2024) sowie der Entdeckung des photoelektrischen Effekts durch Heinrich Hertz (1887). Die Entdeckung des piezoresistiven Effekts in Halbleitern im Jahr 1954 durch Charles S. Smith (1954) brachte bedeutende Fortschritte in der Sensortechnologie, insbesondere für die Entwicklung miniaturisierter Halbleitersensoren. Dadurch konnten einerseits die hervorragenden mechanischen und elektrischen Eigenschaften von Halbleitermaterialien, insbesondere von Silizium, genutzt werden. Andererseits kamen nun auch mikroelektronische Fertigungsverfahren für die Massenproduktion von Sensoren zum Einsatz.

Die genaue Anzahl der weltweit jährlich produzierten Sensoren lässt sich nur schätzen. Man kann jedoch von mehreren zehn Milliarden Sensoren ausgehen – eine Zahl, welche sich etwa alle fünf Jahre verdoppelt (Sensor Trends 2025). Mit der Entwicklung von Industrie 4.0, künstlicher Intelligenz und dem Internet der Dinge (IoT) werden Sensoren immer leistungsfähiger und können Daten sowohl in Echtzeit erfassen als auch analysieren. Sensoren und die erzeugten Daten bilden

G. Gerlach et al., *Einführung in die Sensorik: Grundlagen*, essentials,
https://doi.org/10.1007/978-3-662-73452-0_1

heute die Grundlage für das (automatisierte) Treffen von Entscheidungen und das Steuern von Prozessen.

Vor diesem Hintergrund kommt dem Verständnis der Funktionsweise von Sensoren, der Einschätzung der Eignung für konkrete Anwendungsfälle sowie der Beurteilung der Datenqualität eine große Bedeutung zu. Hier setzt dieses Buch an: es stellt Studierenden grundlegende Sensoreigenschaften, Einsatzszenarien und Messmethoden vor und geht anschließend auf relevante Wandlermechanismen ein. Die dafür gewählte Struktur hat sich seit vielen Jahren in Vorlesungen zur Sensorik im Rahmen von Studiengängen an den Fakultäten Elektrotechnik und Informationstechnik an der Technischen Universität Dresden (G.G., T.H.) und der Johannes Kepler Universität Linz (M.d.S.) bewährt.

2 Sensorik und Messtechnik

2.1 Grundproblem des Messens

Informationen über Prozesse, Objekte oder Zustände werden benötigt, um bestimmte Fragen zu beantworten und Entscheidungen abzuleiten. Dies betrifft natürliche Umgebungen (hier z. B. die Größen Luftdruck, Blutdruck oder pH-Wert von Meerwasser) oder technische Zusammenhänge (etwa Temperatur, Gasdruck oder pH-Wert in einem chemischen Reaktor). Im ersten Fall kann die Frage nach dem Vorliegen von Bluthochdruck und der Notwendigkeit einer Behandlung von Interesse sein, im zweiten Fall die Optimierung einer chemischen Reaktion.

Um an diese Informationen zu gelangen, nutzt man Messungen. Eine Messung ist dabei der experimentelle Vorgang, durch den mit Messgeräten oder Sensoren der Wert der interessierenden physikalischen Größe, also der Messgröße x,[1] als Vielfaches einer Einheit oder eines Bezugswertes ermittelt wird (siehe Abschn. 2.2). Das Ergebnis der Messung ist dann der Ablesewert y (Abb. 2.1).

Zunächst liefern die Sensoren selbst nur ein (meist elektrisches) Ausgangssignal, das der gemessenen Größe x entspricht. Diese Daten können dann entweder von Menschen oder anderen technischen Geräten interpretiert werden. So kann entschieden werden, ob vereinbarte, vorgeschriebene oder erwartete Bedingungen

[1] Streng genommen müsste zwischen **Größen** und **Größenwerten** immer genau unterschieden werden, also z. B. zwischen *Körpergröße des Menschen* und *Wert der Körpergröße des Menschen*. Im Alltag wird dieser Unterschied allerdings oft nicht gemacht, da der Sinnzusammenhang auch so verstanden wird. Deshalb wird in diesem Buch im Weiteren auf diese Unterscheidung verzichtet.

G. Gerlach et al., *Einführung in die Sensorik: Grundlagen*, essentials,
https://doi.org/10.1007/978-3-662-73452-0_2

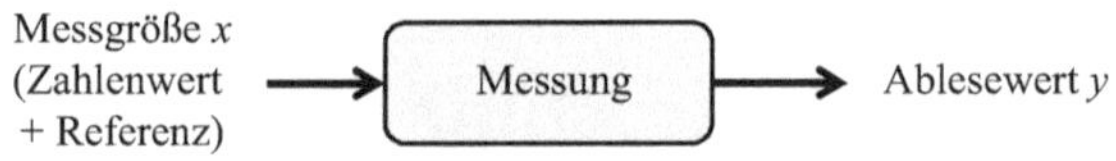

Abb. 2.1 Beim Messen gewinnt man mit dem Ablesewert y Information über die Messgröße x. Die Messgröße besteht aus einem Zahlenwert und einer Referenz. Die Referenz kann eine Maßeinheit, z. B. Meter (m), ein Messverfahren, z. B. Rockwellhärte, oder ein Referenzmaterial sein. (Nach Gerlach und Sommer 2024)

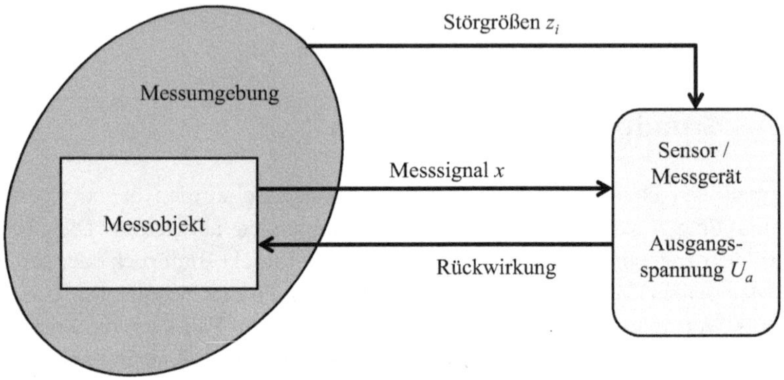

Abb. 2.2 Auftretende Effekte beim Messvorgang

erfüllt sind, insbesondere ob festgelegte Toleranzen eingehalten werden (sogenanntes Testen).

Die zu messende Größe ist oft nichtelektrischer Natur (z. B. Druck, Temperatur, magnetische Flussdichte, Konzentration einer chemischen Spezies), kann aber auch eine elektrische Größe sein (z. B. im Fall eines Stromsensors). Die meisten Sensoren liefern elektronische Signale als Ausgangsdaten, aber es gibt auch andere Sensoren, wie Glas- oder Bimetallthermometer (eigentlich Temperatursensoren), welche visuelle Daten liefern.

Zur Erläuterung des Grundproblems des Messens schauen wir uns zunächst ein Modell für den Messvorgang an (Abb. 2.2). Hier wird berücksichtigt, dass neben der eigentlichen Messgröße auch Störgrößen aus der Messumgebung auf den Sensor wirken und das Messsignal beeinflussen. Dazu gehört fast immer die Temperatur, aber auch Luftdruck, Feuchte, Luftbewegungen, Erschütterungen, elektro-magnetische Strahlung oder Fremdlicht können als Störgrößen auftreten. Auch die Messung selbst bzw. das Messgerät wirken auf die Messumgebung oder die Messgröße zurück und verändern das Messergebnis. So fließt beim Kontakt eines Be-

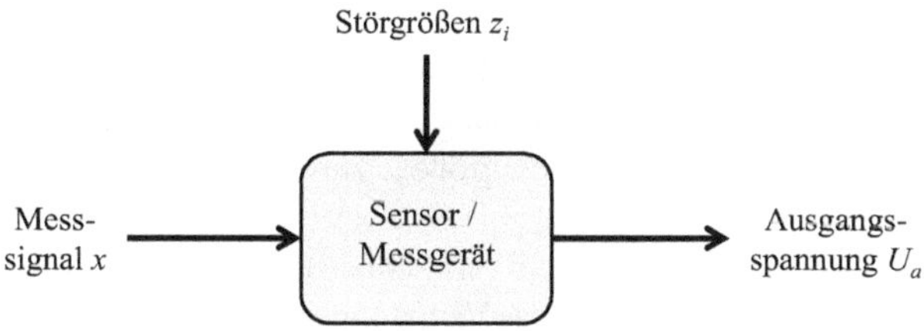

Abb. 2.3 Vereinfachtes Sensormodell

rührungsthermometers Wärme von der Messstelle und führt zu einer lokalen Temperaturänderung.

Zur einfacheren Darstellung wollen wir im Folgenden das vereinfachte Sensormodell gemäß Abb. 2.3 nutzen. Dabei wirken die Messgröße x und die Störgröße(n) z_i auf den Sensor. Als Ausgabegröße y wird hier beispielhaft die Ausgangsspannung U_a betrachtet.

Das Grundproblem besteht nun darin, dass nur das Messignal U_a bekannt ist, von dem wir auf den Wert der Messgröße x zurückschließen wollen. Unbekannt sind hingegen

- die zu messende Messgröße x und
- die Störung(en) z_i.

Die Lösung der Gleichung

$$U_a = f(x,z) \tag{2.1}$$

mit nur einer Bekannten (U_a), aber zwei oder mehr Unbekannten (x und z), liefert unendlich viele Lösungen. Da eine eindeutige Bestimmung mathematisch unmöglich ist, erfolgt die Angabe des Messergebnisses über zwei Werte für:

- den wahrscheinlichsten Wert für x und
- die Messunsicherheit $u(x)$ für die Messgröße x.

Deshalb werden generell folgende Anforderungen an einen Sensor gestellt:

1. Hohe Sensitivität $S = U_a/x$: Die Änderung der Ausgangsspannung bei Änderung der Messgröße muss groß genug sein, damit sich das Messsignal hinreichend gut von den Störsignalen trennen lässt. Deshalb haben in der Praxis die Selektivität, die zeitliche Stabilität und das Signal-Rausch-Verhältnis (siehe die nächsten Punkte) eine mindestens so große Bedeutung wie eine große Sensitivität.

2. Hohe Selektivität: U_a sollte möglichst nur von der Messgröße x und nicht von den Störgrößen z_i beeinflusst werden.
3. Gute (zeitliche) Stabilität des Sensors: Um von der Ausgangsspannung möglichst gut auf die Messgröße x zurückschließen zu können, sollte der funktionale Zusammenhang f in Gl. (2.1) zeitinvariant sein.
4. Großes Signal-Rausch-Verhältnis (SNR – Signal-to-Noise Ratio): Das SNR bei Sensoren beschreibt das Verhältnis zwischen der Stärke des durch die Messgröße hervorgerufenen Signals und der Stärke unerwünschter Rauscheinflüsse. Je größer die Sensitivität des Sensors ist, desto größer ist das Signal-Rausch-Verhältnis. Das Rauschen bestimmt neben anderen Ursachen für Messunsicherheiten auch die Nachweisgrenze (LoD – Limit of Detection) eines Sensors oder Messgeräts. Das ist das niedrigste Signal oder die niedrigste Größe, die aus dem Signal ermittelt und mit ausreichender Sicherheit bestimmt werden kann. Auch hier gilt: Je größer die Sensitivität des Sensors ist, desto niedriger ist die Nachweisgrenze.
5. Schnelle Ansprechgeschwindigkeit: Das Ausgangssignal sollte der Messgröße so schnell wie möglich folgen, damit keine dynamischen Abweichungen auftreten.
6. Ökonomische Aspekte („Sales"): Ein Sensorprinzip setzt sich nur dann auf dem Markt durch, wenn es einerseits Eigenschaften und Funktionen aufweist (z. B. bessere Langzeitstabilität, geringere LoD, kürzere Ansprechzeit), welche andere Prinzipien nicht bieten können, oder wenn es aufgrund einfacherer oder effizienterer Fertigungstechnologien Preisvorteile aufweist.

Die Anforderungen an Sensoren lassen sich folglich mit der **Abkürzung S^6** charakterisieren[2]: Sensitivität, Selektivität, Stabilität, Signal-Rausch-Verhältnis, Schnelle Ansprechgeschwindigkeit und Sales (Gerlach 2023).

2.2 Messtechnische Grundbegriffe

Messtechnik und Sensorik sind geprägt von einer Vielzahl von Grundbegriffen, welche leider in der Praxis häufig falsch verwendet werden. Aus diesem Grund wurde vom Joint Committee for Guides in Metrology (JCGM) das weltweit gültige „International Vocabulary of Metrology" (kurz VIM für „Vocabulaire International de Metrologie") etabliert, welches als umfangreiches Kompendium die

[2] Dies geht auf Wolfgang Göpel (†), Eberhard-Karls-Universität Tübingen, zurück (Göpel n.d.). Er hatte Ende der 1990er-Jahre vorgeschlagen, die Sensortechnik mit S^3 für Sensitivität, Selektivität und Stabilität zu bezeichnen.

messtechnischen Grundbegriffe auflistet und sauber definiert (International Vocabulary of Metrology 2012; Brinkmann 2012).

Relevant sind zunächst die verschiedenen Arten von Messgrößen. Die wichtigsten sind:

- **metrische Größen** (VIM, Def. 1.19), z. B. Masse eines Körpers, Temperatur einer Probe, Brechzahl einer Glasprobe,
- **ordinale Größen** (VIM, Def. 1.26), die durch ein vereinbartes Messverfahren definiert werden, z. B. Rockwellhärte oder Oktanzahl für Otto-Kraftstoff,
- **nominale Größen** (eigentlich Nominalmerkmale; VIM, Def. 1.30), die die Eigenschaft eines Phänomens, eines Körpers oder einer Substanz beschreiben, die aber nicht quantifizierbar ist, z. B. das Geschlecht einer Person oder die Farbe eines Farbmusters. Der Begriff Messung ist auf nominale Größen nicht anwendbar.

Von elementarer Bedeutung für die Messtechnik und Sensorik sind weiterhin die folgenden Begriffe:

- **Metrologie** (VIM, Def. 2.2): Wissenschaft vom Messen und ihre Anwendung,
- **Messung** (VIM, Def. 2.1): Prozess, bei dem ein oder mehrere Größenwerte, die vernünftigerweise einer Größe zugewiesen werden können, experimentell ermittelt werden,
- **Messwert** (VIM, Def. 2.10): Größenwert, der ein Messergebnis repräsentiert,
- **Messergebnis** (VIM, Def. 2.9): Menge von Größenwerten, die einer Messgröße zugewiesen sind, zusammen mit jeglicher verfügbarer relevanter Information,
- **wahrer Wert** (VIM, 2.11): Größenwert, der mit der Definition einer Größe in Übereinstimmung ist. Durch die Unvollkommenheit von Messungen und die daraus resultierenden Messunsicherheiten ist der wahre Wert in der Praxis nicht zu ermitteln. Nur im speziellen Fall der Fundamental- (Natur-) Konstanten wird davon ausgegangen, dass sie einen einzigen wahren Wert haben.

Darüber hinaus werden im Deutschen verschiedene Begrifflichkeiten der Messtechnik verwendet, welche klar voneinander abzugrenzen sind:

- **Kalibrieren** (VIM, Def. 2.39): Feststellen des für ein Messsystem gültigen Zusammenhangs zwischen Eingangs- und Ausgangsgröße. Kalibrieren bedeutet, dass der von einem Messgerät angezeigte Messwert mit dem „wahren" Bezugswert (d. h. einem Normal) verglichen wird. Kalibrieren beinhaltet das Dokumentieren der Messabweichung (Messgenauigkeit), die Berechnung der Messunsicherheit und das Erstellen eines Kalibrierscheins. Beim Kalibrieren erfolgen keine technischen Eingriffe am Messgerät.

- **Justieren** (VIM, Def. 3.11): Änderungen an einem Messsystem, sodass dieses festgelegte Anzeigen liefert, die Werten der Messgröße entsprechen. Zu den Justierungsarten gehört auch die Justierung des Nullpunkts (Offsets). Im Unterschied zum Kalibrieren erfolgt beim Justieren ein Eingriff in das Messsystem.
- **Eichen**: Die Eichung ist ein Spezialfall der Kalibrierung. Der Eichpflicht unterliegen alle Messgeräte, deren Ergebnisse zur Festsetzung von Preisen verwendet werden wie z. B. Waagen in Supermärkten oder Durchflussmessgeräte an Zapfsäulen von Tankstellen. Eichen ist eine behördliche Amtshandlung, die in Deutschland nur von Landeseichämtern sowie staatlich anerkannten Prüfstellen durchgeführt werden darf.
- **Prüfen**: Feststellen, ob ein Prüfobjekt in seinen Eigenschaften mit den geforderten Merkmalen hinreichend übereinstimmt, indem es mit einer Bezugsgröße verglichen wird.
- **Rückführbarkeit einer Messung** (VIM, Def. 2.41): Das Messergebnis kann durch eine ununterbrochene Kette von Kalibrierungen auf eine Referenz bezogen werden.

Zusammenfassend kann gesagt werden, dass Messen das Bestimmen einer zu messenden Größe als Vielfaches einer allgemein anerkannten Einheit derselben physikalischen Dimension (Messnormal) darstellt. Die Grundlage für diese allgemein anerkannten Einheiten bilden die sieben international festgelegten SI-Basiseinheiten (Länge, Masse, Zeit, Stromstärke, Temperatur, Lichtstärke, Stoffmenge). Sie definieren die Basisgrößen, auf denen das gesamte internationale Einheitensystem aufbaut. Diese Bestimmung erfolgt durch Vergleich mit einer Maßverkörperung dieser Einheit. Die Maßverkörperung ist ein Objekt oder Gerät, welches in stets gleichbleibender Weise Werte einer Größe darstellt. Sensoren sind derartige Maßverkörperungen.

2.3 Was ist ein Sensor?

Die enorme Anzahl der hergestellten und verwendeten Sensoren sowie die Vielzahl unterschiedlicher Sensorprinzipien und -typen haben dazu geführt, dass der Begriff „Sensor“ in vielfältiger Weise verwendet wird. Dementsprechend wird unter dem Begriff „Sensor“ z. B. Folgendes verstanden (Abb. 2.4):

- Sensorelement, das die nichtelektrische Größe in ein elektrisches Signal umwandelt, dem ggf. ein Primärwandler vorgeschaltet ist,
- Gerät mit primärer Elektronik in der Nähe des Sensorelements,

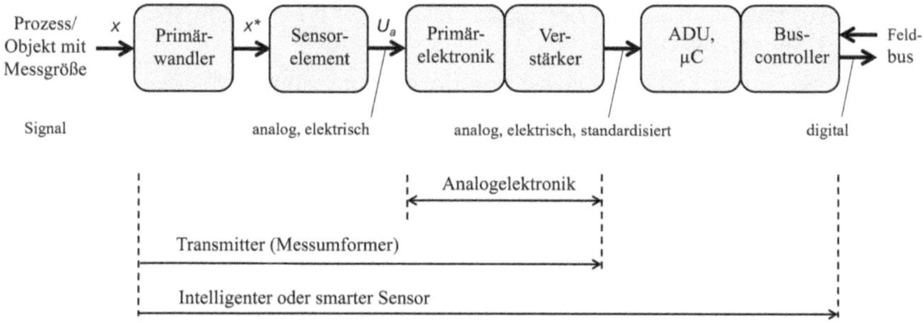

Abb. 2.4 Stufen der Messsignalerfassung und -verarbeitung in einem Sensor

- Gerät mit standardisiertem, analogem elektrischem Ausgangssignal (wird häufig als Transmitter oder Messumformer bezeichnet),
- Gerät mit Analog-Digital-Umsetzung und Signalverarbeitung, teilweise auch mit Selbstüberwachung, -diagnose, -kalibrierung und –rekonfigurierung (oft als intelligenter oder smarter Sensor bezeichnet).

Darüber hinaus werden neben dem Begriff *Sensor* auch Begriffe wie *Detektor*, *Wandler*, *Aufnehmer* oder *Sonde* verwendet, wobei deren Bedeutung häufig nur in engen Bereichen (z. B. Infrarotdetektor, Magnetsonde) genutzt werden.

Neben dem Begriff *Sensor* sind eine Reihe weiterer Begriffe im Gebrauch, die Sensor im Namen beinhalten:

- Ein Sensor kann im aktiven Zustand mehrere Ausgangssignale liefern, die mehreren ausgewählten Messgrößen entsprechen. Solche Sensoren werden im Allgemeinen als *Multisensoren* bezeichnet.
- Der Begriff *Sensorarray* wird häufig für räumlich verteilte Multisensoren verwendet, z. B. für Infrarot-Bildsensoren.
- In der Regel ist ein Sensor nicht größer als eine Fingerkuppe oder eine Hand. Begriffe wie *miniaturisierter Sensor*, *Mikrosensor* oder sogar *Nanosensor* werden häufig verwendet, um deutlich kleinere Sensoren zu beschreiben. Größere Anordnungen werden oft als *Messgeräte*, *Messinstrumente* oder sogar *Messsysteme* bezeichnet.

Im allgemeinen Verständnis haben Sensoren folgende Eigenschaften:

- Ein Sensor ist etwas von Menschen Geschaffenes, d. h. ein Gerät.
- Ein Sensor reagiert auf einen Reiz, d. h. die Messgröße.

- Das Ausgangssignal ist in der Regel elektrischer Natur, kann aber auch nichtelektrischer Natur sein.
- Sensoren selbst liefern zunächst nur ein Ausgangssignal, das der gemessenen Größe entspricht. Dieses kann entweder von Menschen oder technischen Geräten ausgewertet und interpretiert werden.

Daraus ergibt sich eine sinnvolle Definition des Begriffs Sensor (Gerlach und Nihtianov 2026):

Ein Sensor ist ein Gerät, das auf einen Stimulus (Messgröße) reagiert und ein damit verbundenes nützliches Signal erzeugt.

Das „nützliche Signal" kann nun je nach der Stufe der Messsignalerfassung und -verarbeitung ganz unterschiedliche Eigenschaften haben (Abb. 2.4):

- Im Ergebnis der Signal- bzw. Energiewandlung im Sensorelement gemäß Gl. (2.1) steht ein zunächst analoges elektrisches Signal zur Verfügung, hier beispielhaft die Ausgangsspannung U_a.
- Am eigentlichen Sensorelement wirkt ein analoges Signal x^*, das von der ursprünglichen (analogen) Messgröße x abweichen kann. Beispielsweise unterscheidet sich die Temperatur im Temperatursensor wegen der Wärmeleitung und den auftretenden Wärmekapazitäten zwischen Messfühler und Messstelle von der Temperatur, die eigentlich gemessen werde soll. Bei industriellen Drucksensoren in rauen Umgebungen, z. B. aggressiven Medien, wird das häufig aus Silizium bestehende piezoresistive Sensorelement geschützt, indem eine Edelstahlmembran vorgesetzt und der Druck p über eine Ölfüllung auf das Sensorelement übertragen wird. Dieser Druck unterscheidet sich jedoch vom Messdruck p durch den Druckabfall, der über die Edelstahlmembran auftritt. Der Wandler, der die Messgröße x in die vom Sensorelement „gefühlte" modifizierte Größe x^* umformt, wird als Primärwandler bezeichnet.
- Bei bestimmten Sensortypen ist eine Verstärkung möglichst in direkter Nähe des Sensorelements angeraten, um den Einfluss von Störungen gering zu halten. Das betrifft z. B. kapazitive Sensoren, bei welchen lange elektrische Leitungen zwischen Sensorelement und Verarbeitungselektronik als Antenne für elektromagnetische Störsignale wirken können.
- Sensoren in der Prozessmesstechnik besitzen normierte analoge Ausgangssignale, die in den hier betrachteten Fällen elektrisch sind, in der Prozessindustrie jedoch auch pneumatisch sein können. Solche Sensoren heißen Transmitter oder Messumformer; die normierten Analogsignale nennt man Einheitssignal. Nach DIN IEC 60381-1 bzw. 60381-2 sind das beispielsweise Stromsignale (0 … 20) mA oder (4 … 20) mA, Spannungssignale (0 … 10) V, (1 … 5) V, (– 10 …

+ 10) V oder ratiometrische Spannungssignale (z. B. (5 … 95) % oder (0,25 … 4,75) V bei einer Speisespannung von 5 V). Stromsignale haben gegenüber Spannungssignalen den Vorteil, dass das Stromsignal unempfindlich ist gegenüber elektromagnetischen Störungen (z. B. durch das Einschalten benachbarter Verbraucher) und Spannungsverlusten durch den Leitungswiderstand. Das Stromeinheitssignal (4 … 20) mA ist in der Prozessindustrie nach wie vor weit verbreitet, da dort der Messumformer vorteilhafterweise permanent mit Energie versorgt wird. Das von null abweichende Anfangssignal von 4 mA für einen Messwert von null ist außerdem ein sicherer Hinweis auf eine Störung. Man spricht hier von einem „lebenden" bzw. „versetzten Nullpunkt".
- Jedes Signal wird bei der Übertragung durch Rauschen überlagert. Werden verrauschte Signale wieder digitalisiert, so verschwinden diese Störungen durch die Quantisierung, solange die Störungen hinreichend klein sind. Digitale Signale sind deshalb weniger anfällig für Störungen. Sensoren mit digitalem Ausgangssignal ermöglichen außerdem durch eine digitale Signalverarbeitung mittels Mikrocontrollern (µC) zusätzliche Funktionen wie Selbstüberwachung, -diagnose, -kalibrierung und -rekonfigurierung. Daher werden solche Sensoren häufig auch als „intelligente" oder „smarte" Sensoren bezeichnet.

2.4 Klassifikation von Sensoren

Sensoren lassen sich hinsichtlich verschiedener Kriterien klassifizieren (Tab. 2.1) (Gerlach und Nihtianov 2026). Betrachten wir unser vereinfachtes Modell von Abb. 2.3 (bei Vernachlässigung der unerwünschten Störgrößen), ergibt sich bereits eine Unterscheidung nach Eingangssignal (Messgröße), Ausgangssignal und dem das Ein- und Ausgangssignal verbindende Messprinzip, d. h. dem funktionalen Zusammenhang $U_a = f(x)$.

Messgröße: Bei den Messgrößen können prinzipiell sechs Energie- und damit Signalbereiche unterschieden werden (Middlehoek und Audet 1989; Middelhoek 1998): elektrisch, mechanisch, thermisch, magnetisch, chemisch, Strahlung. Damit lassen sich z. B. magnetische Sensoren oder chemische Sensoren unterscheiden. In jedem Bereich gibt es wiederum mehrere Phänomene, Prozesse und Bedingungen, welche Signale von Interesse erzeugen, wie Temperatur, Druck, Verschiebung, Beschleunigung, Kraft, Lichtintensität usw., was wiederum zu einer spezifischeren Bezeichnung des Sensors führt: Temperatursensor, Drucksensor, Kraftsensor usw.

Ausgangssignal: Eine weitere wichtige Eigenschaft von Sensoren ist ihr Verhalten in elektrischen Schaltungen. Moderne Sensoren liefern in der Regel elektri-

Tab. 2.1 Klassifikation von Sensoren

Kriterium	Beispiele		
Eingangssignal (Art des Stimulus/ der Messgröße)	Druck, Temperatur, Wärme, Füllstand,	Durchfluss, Strahlung, Schall, Magnetfeld,	Stoffkonzentration, …
Ausgangssignal	resistiv, kapazitiv, induktiv,	Spannung, Strom, Frequenz,	Ladung, Leistung
Messprinzip (physikalisch/bio-chemischer Effekt)	piezoelektrischer Effekt, piezoresistiver Effekt, Hall-Effekt, fotoelektrischer Effekt,	Seebeck- bzw. Peltier-Effekt, Energieabsorption in einem Gas gemäß Lambert-Beer-Effekt,	Severinghaus-Effekt, Protein-basierte Rezeptoren …
Wandlertyp/ Energiewandlung (siehe Kap. 5)	umkehrbare statische Wandler (ohne Energie-versorgung),	umkehrbare stationäre Wandler (ohne Energieversorgung),	parametrische Wandler (mit Energie-versorgung)
Herstellungs technologie	Standard-herstellungsverfahren	Mikroelektronische Herstellungsverfahren	MEMS-Technologie
Packaging	Standardgehäuse Halbleiterchip,	Modularer Chipbaustein (Chiplet),	System-on-chip, Sensormodule,
Anwendungsbereich	Siehe Tab. 2.2		

sche Ausgangssignale. Dies geschieht, wenn der Sensor an eine elektronische Schaltung oder ein elektronisches Gerät angeschlossen wird, beispielsweise ein Voltmeter. Der elektronische Stromkreis hat zwei Aufgaben: zum einen gewährleistet er den erforderlichen Betriebsmodus des Sensors, zum anderen liest er den Sensor aus. Dabei kann ein und derselbe Sensor in verschiedenen Modi betrieben werden, z. B. als Spannungsquelle (Spannungssensor) oder Stromquelle (Stromsensor), als Induktivität (induktiver Sensor) oder als Kapazität (kapazitiver Sensor).

Messprinzip, Wandlertyp: Ein weiterer Klassifizierungsparameter sind die physikalischen oder biochemischen Phänomene, die in der Sensorfunktion zum Einsatz kommen. Die Reaktion eines Sensors auf eine Messgröße kann als Energieumwandlung von einem Energiebereich in einen anderen betrachtet werden. Die Energiebereiche stimmen mit den zuvor erwähnten Signalbereichen überein. Wenn beispielsweise der piezoelektrische Effekt genutzt wird, wird die Energie des elektrischen Ausgangssignals direkt aus der mechanischen Energie der Messgröße gewonnen. Es sind keine zusätzlichen Energiequellen, z. B. eine Spannungsspeisung, erforderlich. Bei anderen Messprinzipien verändert die Messgröße z. B. den Widerstand oder die Kapazität des Sensorelements, wobei zum Auslesen dieser Parameteränderung das Sensorelement in einer elektronischen Schaltung betrieben und dazu elektrisch gespeist werden muss.

Herstellungstechnologie, Packaging: Sensoren können auch anhand von Parametern wie Produktionstechnologie und Aufbau- und Verbindungstechnik (Packaging) klassifiziert werden. Beides steht in engem Zusammenhang mit dem spezifischen Anwendungsbereich, für den die Sensoren konzipiert, entwickelt und hergestellt werden.

Anwendungsbereich: Sensoren decken ein besonders breites Anwendungsspektrum ab, vom Automobilbereich mit Preisen im Cent-Bereich über die Medizintechnik mit höheren Preisen bis hin zur Prozessmesstechnik mit Sensorpreisen von mehreren tausend Euro (Tab. 2.2). Die spezifischen Anforderungen variieren

Tab. 2.2 Anwendungsgebiete von Sensoren. (Nach Werthschützky 2007)

Einsatzgebiet	Anwendungsbereiche	Stückzahl[a]	Preis [€]
Prozessmess technik	Prozess- und Analysemesstechnik (Chemie, Metallurgie, Lebensmittelindustrie, Kraftwerkstechnik, Bergbautechnik und Pharmazie)	$10^3 \ldots 10^5$	100 … 1000
Fertigungsmesstechnik	Einsatz im Maschinenbau, in Fertigungs- und Montagelinien	$10^4 \ldots 10^6$	10 … 100
Fahrzeug-industrie	Einsatz in Pkws und Nutzfahrzeugen	$10^5 \ldots 10^7$	0,50 … 10
Transportwesen	Herstellung von und Einsatz in Kraftfahrzeugen, Schienenfahrzeugen, Flugzeugen und Schiffen	$10^5 \ldots 10^7$	0,50 … 10
Gebäudetechnik	Einsatz in der Heizungs-, Klima-, Aufzugs- und Brandschutztechnik	$10^3 \ldots 10^5$	1 … 10
Umweltmess-technik	Luft-, Abgas-. Boden-, Gewässer-, Abwasserüberwachung	$10^2 \ldots 10^5$	50 … 1000
Unterhaltungs-sektor	Einsatz in Smartphones, Computern, Unterhaltungselektronik, Haushaltsgeräten und Spielzeug	$10^6 \ldots 10^8$	0,10 … 10
Medizin- und Labormess-technik	Einsatz in der Analytik, Diagnostik, Überwachungs- und Therapietechnik	$10^2 \ldots 10^6$	10 … 3 Mio
Präzisionsmesstechnik	Diagnose- und Prüftechnik in der Industrie, Darstellung und Weitergabe von Maßeinheiten	$10 \ldots 10^3$	50 … 5000

[a]Geschätzte mittlere jährliche Produktionszahlen für eine rentable Fertigung

stark und haben einen entscheidenden Einfluss auf die jeweiligen Entwicklungstrends. So werden in der Prozessmesstechnik neben einer geringen Messunsicherheit und einer hohen Zuverlässigkeit vor allem auch geringe Wartungskosten gefordert, da die Wartungskosten z. B. durch den dabei verursachten Anlagenstillstand deutlich höher sind als die Neuanschaffungskosten. Das erfordert also Möglichkeiten zur Selbstdiagnose, zur Störungserkennung und ggf. auch zu einer Rekonfiguration im Sensor.

Eigenschaften realer Sensoren 3

Im Fall eines idealen Sensors hängen die Messgröße x und die Ausgangsgröße (hier im Folgenden beispielhaft die Ausgangsspannung U_a) linear zusammen. In der realen Anwendung tritt jedoch eine Vielzahl praktisch wichtiger Effekte auf, welche Einfluss auf Charakteristik und Übertragungsverhalten von Sensoren haben und den Zusammenhang zwischen U_a und x deutlich komplexer gestalten. Die wichtigsten Einflussfaktoren werden in diesem Kapitel genauer betrachtet.

3.1 Gesamtmodell eines realen Sensors

Ausgehend vom idealen Sensor soll hier zunächst ein Gesamtmodell für einen realen Sensor unter Berücksichtigung der wichtigsten Einflussfaktoren entwickelt werden. Abb. 3.1 zeigt die ideale Situation, in welcher die Ausgangsspannung U_a über die Sensitivität S als Proportionalitätsfaktor mit der Messgröße x linear verknüpft ist.

Die Messgröße (wie auch die Störgrößen) wirkt jedoch am Sensorelement nicht sofort, sondern zeitversetzt. Das dynamische, d. h. zeitabhängige Verhalten hängt von der genauen Konfiguration des Sensors ab und stellt eine sehr individuelle Eigenschaft dar. Um es mathematisch in allgemeiner Form zu erfassen, wird zur Beschreibung ein dynamischer Operator L genutzt (Abb. 3.2). Dieser lässt die dynamisch beeinflusste Größe x^* nach einer Verzögerung der Messgröße x am Sensorelement wirksam werden.

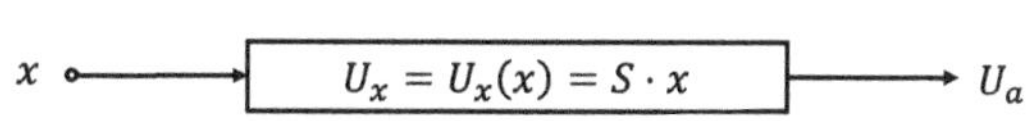

Abb. 3.1 Modell des idealen Sensors

G. Gerlach et al., *Einführung in die Sensorik: Grundlagen*, essentials, https://doi.org/10.1007/978-3-662-73452-0_3

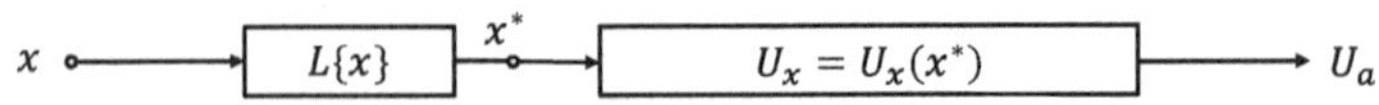

Abb. 3.2 Berücksichtigung dynamischer Einflüsse im Sensor durch einen dynamischen Operator L, sodass $x^* = L\{x\}$

Typische Beispiele für diese Situation sind etwa berührende Temperatursensoren, bei denen nach dem Kontakt zunächst der Temperaturausgleich von der Messstelle zum Sensor erfolgen muss, oder Kraftsensoren, bei denen eine pulsartige Krafteinleitung zusätzlich zur statischen Auslenkung zunächst eine Oszillation hervorruft, die dann mit der Zeit abklingt. Abb. 3.2 lässt sich so interpretieren, dass der Übertragungspfad zwischen z. B. x und U_a in einen dynamischen Teil $x^* = L\{x\}$ und einen quasistatischen Teil $U_x = U_x(x^*) = S \cdot x^*$ aufgeteilt wird.

Neben der Messgröße x wirken auf den Sensor auch Störgrößen, wie z. B. die Temperatur ϑ, die Luftfeuchte φ, Licht oder elektrische und magnetische Felder, die zu Änderungen der Ausgangsspannung führen. Beispiele hierfür sind der Temperatureinfluss auf die Eigenschaften von Drucksensoren oder eine Temperaturschwankung in der Umgebung eines Temperatursensors (etwa an der Vergleichsstelle eines Thermopaars), welche Einfluss auf das Ausgangssignal nehmen, ohne dass sich die Temperatur an der eigentlichen Messstelle ändert. Auch diese Störgrößen wirken dynamisch auf den Sensor, weshalb sie durch entsprechende dynamische Operatoren im Modell berücksichtigen werden.

Störgrößen können mindestens zwei wichtige Einflüsse auf Sensoren ausüben. Einerseits können sie zu Veränderungen der Sensorkennlinie führen. Dies betrifft vorrangig den Einfluss auf die Sensitivität. Mathematisch erfassen wird dies, indem beispielsweise im Fall der Störgröße Temperatur die Größe $U_x(x^*)$ ebenfalls temperaturabhängig wird ($U_x(x^*, \vartheta^*)$). Zum zweiten is es möglich, dass Störgrößen einen zusätzlichen, additiven Anteil $U_\vartheta(\vartheta^*)$ zur Ausgangsspannung U_a erzeugen, der von der Messgröße x selbst nicht beeinflusst ist und deshalb keine Messinformation trägt. Beide Effekte sind in Abb. 3.3 zusammengefasst.

Zusätzlich zum messgrößenunabhängigen Anteil $U_\vartheta = U(\vartheta^*)$ kann die Ausgangsspannung U_a weitere messgrößenunabhängige Anteile aufweisen, z. B. durch eine fehlende oder unzureichende Einstellung des Nullpunkts des Sensors ($U_{\text{off, S}}$). Im Idealfall lässt sich diese zu Null kompensieren. Alle diese Anteile summieren sich. Man fasst die Summe der messgrößenunabhängigen Anteile U_ϑ, U_z (U_z … Einfluss einer beliebigen Störgröße z) und des Sensoranteils $U_{\text{off, S}}$ gemeinsam als Offset- oder Nullpunktspannung U_{off} zusammen.

Als letzter wichtiger Einflussfaktor sollen zufällige Signalanteile in Form von Rauschen betrachtet werden. Grundsätzlich sind sowohl die Mess- als auch die

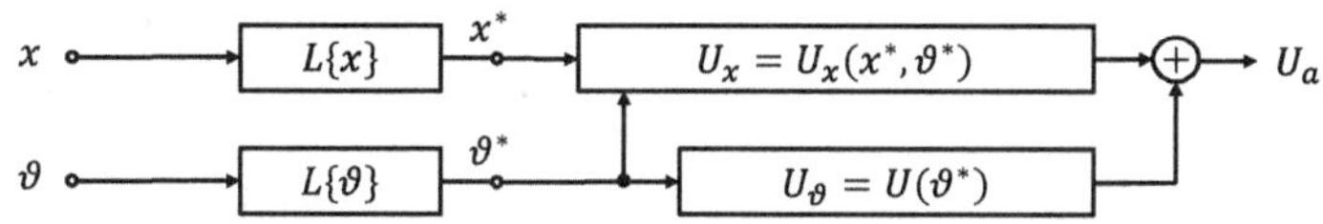

Abb. 3.3 Einfluss von Störgrößen (hier der Temperatur ϑ) auf das Sensorsignal U_a

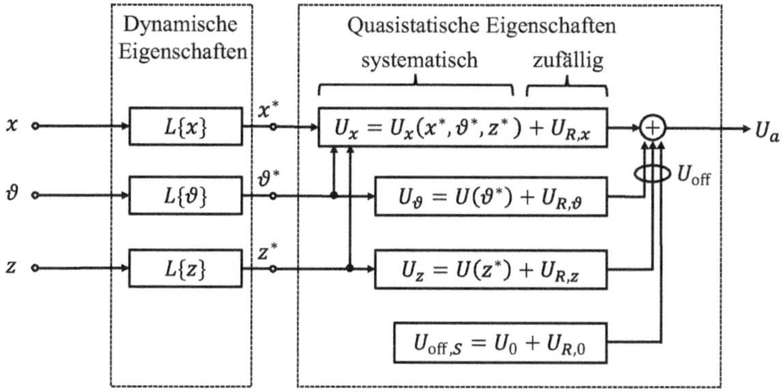

Abb. 3.4 Gesamtmodell eines realen Sensors

Störgrößen verrauscht. So kommt zum Beispiel das Rauschen des Druckes durch statistisches „Trommeln" von Gasmolekülen auf eine Drucksensorplatte zustande. In metallischen Widerständen führt die weitgehend ungeordnete, thermisch angeregte Bewegung der Leitungselektronen zum sogenannten thermischen Widerstandsrauschen, auch Nyquist- oder Johnson-Rauschen genannt. Da Rauschen sowohl durch die Mess- und die Störgröße(n) als auch durch den Sensor und die Umgebung auftreten kann, berücksichtigen wir dies in unserem Modell durch Einführung zusätzlicher Terme $U_{R,i}$ in allen (quasistatischen) Bestandteilen des Sensors.

Die Ausgangsspannung U_a eines realen Sensors setzt sich gemäß Abb. 3.4 nun aus folgenden Komponenten zusammen:

- auf den Sensor wirkende Mess- (x) und Störgrößen (Temperatur ϑ, weitere Größen z),
- dynamische Beeinflussung der Mess- und Störgrößen durch den Sensor selbst oder den Messaufbau,
- quasistatische Wirkung der Mess- und Störgrößen auf die Sensorausgangsspannung U_a,

- Auftreten einer messgrößenunabhängigen Sensoroffsetspannung U_{off} infolge der wirkenden Störgrößen oder durch die unzureichende Einstellung des Sensornullpunktes und
- zufällig auftretende Rauschanteile infolge von Mess- und Störgrößen oder den Sensor selbst.

Angemerkt sei, dass wir in unserem Modell vereinfachend vorausgesetzt haben, dass der Sensor rückwirkungsfrei auf Messobjekt und Messumgebung ist und dass die die dynamischen Effekte beschreibenden linearen Operatoren rauschfrei sind.

Alle genannten Einflüsse sollen nun im Folgenden geeignet beschrieben und durch sinnvolle Parameter charakterisiert werden. Wir orientieren uns dabei an solchen Kenngrößen, wie sie üblicherweise in Datenblättern verwendet werden.

3.2 Quasistatisches Verhalten: Sensitivität, Offset, Temperatur-koeffizienten

In einer ersten detaillierteren Betrachtung wird zunächst das quasistatische (d. h. nicht zeitabhängige) Sensorverhalten betrachtet. Das heißt, dass alle Einschwingvorgänge nach Änderungen der Mess- und Störgrößen abgeschlossen sind. Da die Temperatur oft die wichtigste Störgröße ist, beschränken wir unsere Betrachtungen auf diese als einzige Störgröße. Ohne Temperatureinfluss haben wir im idealen Fall den linearen Zusammenhang von Abb. 3.1:

$$U_a(x) = S \cdot x. \tag{3.1}$$

Der Temperatureinfluss lässt sich durch eine mehrdimensionale Taylorentwicklung der Kennlinie im Arbeitspunkt (x_0, ϑ_0) berücksichtigen. Im einfachsten Fall kann der Entwicklungspunkt im Nullpunkt (Messbereichsbeginn, $x_0 = 0$) liegen. Dies ist für die Betrachtung vorteilhaft, da so durch die Entwicklung der messgrößenunabhängige, rein temperaturabhängige Offset-Anteil quantifizierbar wird. Bezugspunkt für die Temperatur ist häufig Raumtemperatur. Unter Berücksichtigung der Terme erster Ordnung liefert die Taylorentwicklung:

$$U_a(x,\vartheta) = U(x_0 = 0, \vartheta_0) + \left(\frac{\partial U}{\partial x}\right)_{(x_0=0,\vartheta_0)} \cdot \Delta x + \left(\frac{\partial U}{\partial \vartheta}\right)_{(x_0=0,\vartheta_0)} \cdot \Delta\vartheta + \left(\frac{\partial^2 U}{\partial x\, \partial \vartheta}\right)_{(x_0=0,\vartheta_0)} \cdot \Delta x \cdot \Delta\vartheta \tag{3.2}$$

Diese Terme kann man wie folgt fassen:

$$U_a = U_{\text{off}}(\vartheta) + S \cdot \Delta x + \alpha_0 \cdot \Delta\vartheta \cdot U_{\text{off}} + S \cdot \Delta x \cdot \alpha_s \cdot \Delta\vartheta \tag{3.3}$$

Hierbei sind:

- $U_{\text{off}}(\vartheta_0)$ die Offsetspannung bei der Bezugstemperatur ϑ_0,
- $\alpha_0 = \frac{1}{U_{\text{off}}}\left(\frac{\partial U}{\partial \vartheta}\right)_{(x_0=0,\vartheta_0)} = \frac{1}{U_{\text{off}}}\frac{\partial U_{\text{off}}}{\partial \vartheta} \approx \frac{1}{U_{\text{off}}}\frac{\Delta U_{\text{off}}}{\Delta \vartheta}$ der Temperaturkoeffizient der Offsetspannung (TKO),
- $S = \left(\frac{\partial U}{\partial x}\right)_{(x_0=0,\vartheta_0)}$ die Sensitivität,
- $\alpha_S = \frac{1}{S}\left(\frac{\partial^2 U}{\partial x\,\partial \vartheta}\right)_{(x_0=0,\vartheta_0)} = \frac{1}{S}\frac{\partial S}{\partial \vartheta} \approx \frac{1}{S}\frac{\Delta S}{\Delta \vartheta}$ der Temperaturkoeffizient der Sensitivität S (TKS),
- $\Delta x = x - x_0 \equiv x$.

Der letzte Punkt hat eine wichtige praktische Bedeutung: Wenn wir sagen, dass wir die Messgröße x messen, messen wir in Wirklichkeit die Differenz der Messgröße x zu einer Bezugsgröße x_0. Dieser Unterschied verschwindet nur dann, wenn der Wert der Bezugsgröße Null ist. Gl. (3.3) lässt sich nun vereinfachen:

$$U_a(x,\vartheta) = U_{\text{off}}(1+\alpha_0 \cdot \Delta\vartheta) + S(1+\alpha_s \cdot \Delta\vartheta)\Delta x. \tag{3.4}$$

Die Gleichung zeigt das Auftreten eines (temperaturabhängigen) zusätzlichen Spannungsanteils sowie die Veränderungen der Steigung der Kennlinie. Abb. 3.5 verdeutlicht nochmals diese Zusammenhänge.

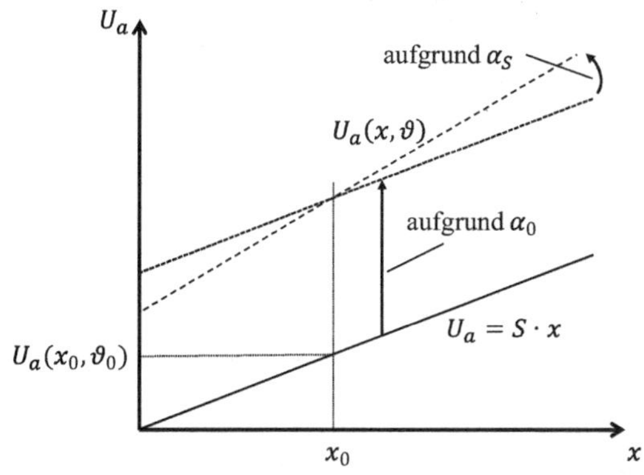

Abb. 3.5 Einfluss einer Störgröße (hier beispielhaft der Temperatur) auf die Kennlinie eines Sensors

3.3 Quasistatisches Verhalten: Nichtlinearität

Sensoren zeigen in der Praxis üblicherweise keine ideale Proportionalität zwischen der Ausgangsspannung U_a und der Messgröße x, wie sie in Abb. 3.1 bzw. Gl. (3.4) benutzt wurde. Um Nichtlinearitäten, d. h. Abweichungen von der ideal linearen Kennlinie, zu berücksichtigen, gehen wir weiterhin von quasistatischem Verhalten ohne zeitabhängige Anteile aus. Ein mögliches Beispiel für nichtlineares Verhalten $U_{\mathrm{real}}(x)$ ist in Abb. 3.6 gezeigt. Die Gerade $U_{\mathrm{ideal}}(x)$ bezeichnet die gewünschte, ideal lineare Beziehung zwischen Sensorausgang und Messgröße. Im Beispiel ist sie die Tangente an die reale Kurve im Nullpunkt.

In Abb. 3.6 bezeichnen x_M einen Messwert und die Größe x_{FS} den Maximalwert des Messbereichs am Sensoreingang. Der Index *FS* steht für *full scale*, im Deutschen auch Nennbereich genannt. Unter der Annahme, dass $U_{\mathrm{Off}} = 0$ (was durch eine Nullpunktskalibrierung einfach erreichbar ist), werden folgende weiteren Größen unterschieden:

- **Absolute Abweichung**: Die absolute Abweichung ist die Differenz zwischen der idealen und der realen Ausgangsspannung:

$$\Delta U(x) = U_{real}(x) - U_{ideal}(x). \tag{3.5}$$

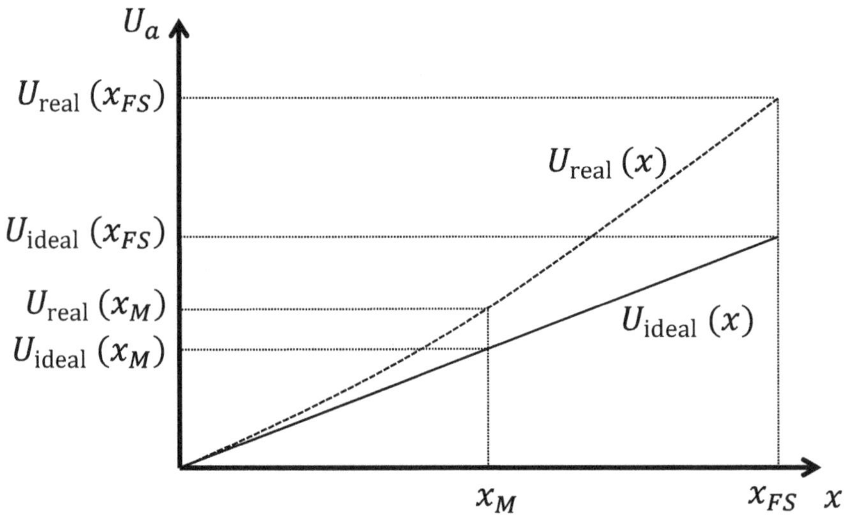

Abb. 3.6 Nichtlineare, d. h. vom linearen Fall abweichende Sensorkennlinie

- **Relative Abweichung**: Diese bezeichnet die Abweichung zwischen Real- und Idealspannung, die auf den Spannungswert der idealen Kennlinie bei x bezogen wird:

$$\frac{\Delta U(x)}{U_{ideal}(x)} = \frac{U_{real}(x) - U_{ideal}(x)}{U_{ideal}(x)}. \tag{3.6}$$

- **Reduzierte Abweichung**: Im Unterschied zur relativen Abweichung wird bei der reduzierten Abweichung die Abweichung zwischen Real- und Idealspannung auf den Messwert x_{FS} am Messbereichsende bezogen:

$$\frac{\Delta U(x)}{U_{ideal}(x_{FS})} = \frac{U_{real}(x) - U_{ideal}(x)}{U_{ideal}(x_{FS})}. \tag{3.7}$$

Zu beachten ist hier, dass ausdrücklich der Begriff *Abweichung* genutzt wird und keinesfalls der Begriff *Fehler*, auch wenn dies im Sprachgebrauch häufig geschieht. Aber: Es ist kein *Fehler* der Natur, dass Sensoren z. B. aufgrund der eingesetzten Sensormaterialien, häufig keine ideal lineare Kennlinie liefern.

Da der Spannungswert $U_{ideal}(x_{FS})$ der Messgröße x am Messbereichsende am größten ist, ist die reduzierte Abweichung (außer am Messbereichsende bei x_{FS}) immer kleiner als die relative Abweichung und gibt deshalb für die Nichtlinearität einen scheinbar günstigeren Wert (daher *reduzierte* Abweichung). Sie wird aus diesem Grund von Sensorherstellern auch immer für Nichtlinearitätsangaben im Datenblatt benutzt. Sie bildet die Grundlage für die Definition des Begriffs der Nichtlinearität $NL(x)$ an der Stelle x:

$$NL(x) = \frac{U_{real}(x) - U_{ideal}(x)}{U_{ideal}(x_{FS})}. \tag{3.8}$$

Als Nichtlinearität NL des Sensors (Gesamtnichtlinearität), wie sie typischerweise im Datenblatt zu finden ist, bezeichnet man das betragsmäßige Maximum der im Messbereich auftretenden Nichtlinearität:

$$NL = \max|NL(x)| = \max\left|\frac{U_{real}(x) - U_{ideal}(x)}{U_{ideal}(x_{FS})}\right|. \tag{3.9}$$

In Abb. 3.7 wurde als ideale Gerade die Tangente im Nullpunkt verwendet. Es leuchtet sofort ein, dass die Sekante, die durch Nullpunkt $U_{real}(0)$ und Endpunkt $U_{real}(x_{FS})$ geht, zu deutlich kleineren reduzierten Abweichungen und damit günstigeren NL-Werten führt (siehe Abb. 3.7a, b im Vergleich). Deshalb haben Tangenten-

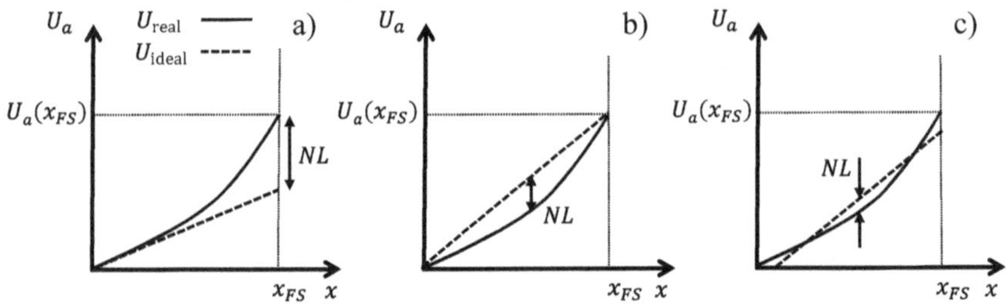

Abb. 3.7 Ansätze zur Ermittlung idealer Geraden als Grundlage der Nichtlinearitätsbestimmung. (**a**) Tangente im Nullpunkt, (**b**) Sekante durch Null- und Endpunkt, (**c**) Best-Fit-Straight-Line (BFSL)

ansätze praktisch auch keine Bedeutung. Sekantenansätze sind dagegen für den Anwender günstig, da sich Sensoren im Null- und im Endpunkt gut kalibrieren und damit *NL*-Angaben aus Datenblättern leicht nachprüfen lasssen. Praktisch kann man die Idealgerade auch so festlegen, dass die Sekante so verschoben wird, dass die reduzierte Abweichung am Nullpunkt und bei x_{FS} betragsmäßig gleich groß wird wie in der Messbereichsmitte, nämlich *NL*/2. Man spricht dann vom *Best-Fit-Straight-Line-* (BFSL-)Ansatz. Der *NL*-Wert halbiert sich dann gegenüber dem Sekantenansatz, allerdings lässt sich der Sensor dann nicht mehr einfach im Null- und Endpunkt kalibrieren.

3.4 Dynamisches Verhalten

Jedes Messystem besitzt eine gewisse Trägheit, sodass das Ausgangssignal dem Eingangssignal nicht in einer beliebig kurzen Zeit folgen kann. Verantwortlich dafür sind etwa Kondensatoren oder Spulen in elektrischen Systemen, Wärmekapazitäten in thermischen Sensoren oder Massen und Federn in mechanischen Systemen. Das dynamische Verhalten eines Messsystems beschreibt eben jene Abhängigkeit der Ausgangsgröße U_a von der Eingangsgröße x bis zum Erreichen eines stationären, d. h. dann zeitunabhängigen Zustandes des Systems. Entsprechend werden Abweichungen des dynamischen Verhaltens vom angestrebten Zustand $U_a(t) = S \cdot x(t)$ als dynamische Abweichung bezeichnet.

Das grundsätzliche Ziel der Beschreibung bzw. Ermittlung des dynamischen Sensorverhaltens ist die Beantwortung zweier Fragen:

- Wie lange dauert es nach Anlegen oder sprungförmiger Änderung der Messgröße, bis ein Messergebnis mit vertretbarer Abweichung abgelesen werden kann?
- Wie schnell darf sich die Messgröße selbst ändern, um bei vertretbarer Messabweichung den Verlauf verfolgen zu können?

Praktisch lässt sich das dynamische Verhalten durch Anlegen einer Testfunktion und Aufnahme der zugehörigen Antwortfunktion ermittelt. Von größter praktischer Bedeutung ist dabei die Antwort auf eine Sprungfunktion am Sensoreingang. Wenn die Ausgangsgröße $U_a(t)$ auf die sich sprunghaft ändernde Eingangsgröße x bezogen wird, entsteht die Übertragungsfunktion

$$h(t) = \frac{U_a(t)}{U_{\mathrm{a,stat}}}. \tag{3.10}$$

Diese beschreibt das dynamische Systemverhalten und erlaubt gleichzeitig einen Vergleich unterschiedlicher Anordnungen bzw. physikalischer Sensorprinzipien. Eine typische Sensorantwort auf eine sprungförmige Anregung ist in Abb. 3.8 gezeigt. Es treten folgende charakteristische Zeiten auf:

- **Lauf- oder Totzeit** t_L. Diese beschreibt die Zeit zwischen der sprunghaften Änderung der Eingangsgröße und der ersten Reaktion des Sensors.
- **Verzugszeit** t_V. Diese Größe beschreibt die Zeit zwischen dem Ende der Laufzeit und dem Beginn der Anstiegszeit.
- **Anstiegszeit** t_A. Zeit, die bei Anlegen einer Tangente im Wendepunkt der Übertragungsfunktion zwischen dem Schnittpunkt der Tangente mit der Zeitachse und dem Schnittpunkt mit dem stationären Endwert vergeht.
- **Einschwingzeit** t_E. Diese Zeit vergeht zwischen der sprunghaften Eingangsänderung und dem endgültigen Eintauchen des Sensorsignals in ein vorgegebenes Toleranzband (meist ± 5 % oder ± 1 %).

Da die Bestimmung von Lauf-, Verzugs- und Anstiegszeit viel zu aufwändig ist, wird im Praktischen üblicherweise die Einschwingzeit t_E als Kennwert verwendet und entsprechend der Breite des Toleranzbandes mit t_{95} oder t_{99} bezeichnet.

Grundsätzlich gilt, dass das Ausgangssignal durch die Energiespeicherelemente bei höheren Frequenzen dem Messsignal schlechter folgen kann. Diese Sensoren haben daher ein Tiefpassverhalten. Als weiterer wichtiger Kennwert lässt sich hier-

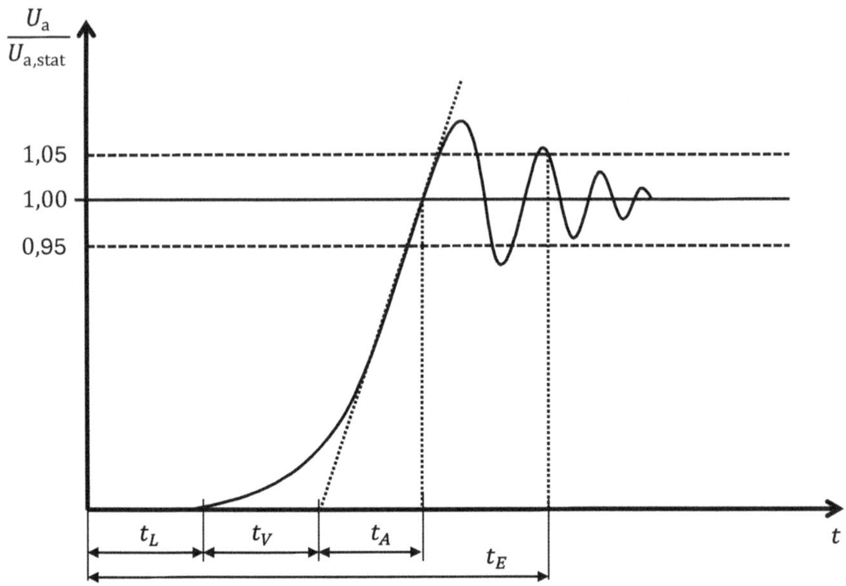

Abb. 3.8 Typisches Einschwingverhalten eines Sensors als Antwort auf eine sprunghafte Änderung der Eingangsgröße. $U_{a,stat}$ ist der stationäre Endwert nach Beendigung des Einschwingvorgangs im Unendlichen

für die Grenzfrequenz f_G ermitteln, die beim idealen Tiefpass über $f_G = 1/(2t_E)$ mit der Einschwingzeit zusammenhängt. Einige wenige Sensoren können infolge ihres physikalischen Prinzips keine konstanten Messsignale, also tieffrequente Größen, messen. Das betrifft z. B. piezoelektrische oder pyroelektrische Sensoren. Diese weisen dann ein Bandpassverhalten auf.

3.5 Rauscheinflüsse

Elektrischer Stromfluss bedeutet den Transport einer großen Anzahl von elektrischen Ladungsträgern, also beispielsweise von Elektronen in Leitern, von Elektronen und Löchern in Halbleitern oder von Ionen in Elektrolyten. Durch den physikalischen Transportmechanismus und die Wärmebewegung der Ladungsträger entstehen Fluktuationen der Stromstärke, das Rauschen. Da das Rauschsignal seine Ursache in einer großen Zahl voneinander unabhängiger Einzelvorgänge hat, resultiert daraus meist eine Normal- (Gauss-)Verteilung der Rauschereignisse, die einzig durch die Streuung bzw. Varianz als Quadrat der Streuung charakterisiert ist. Der Mittelwert der Abweichungen dagegen ist null. Rauschen wirkt wie eine Störung auf das Nutzsignal und verschlechtert damit den Signal-Rauschabstand von Sensoren. In elektronischen Bauelementen kann es sehr viele unterschiedliche Rauschursachen geben (Blum 1996). Wenn sich diese überlagern, ergibt sich wieder eine Gauss-Verteilung, wobei die resultierende Varianz gleich der Summe der Einzelvarianzen ist.

Wie bereits in Abschn. 3.1 beschrieben, soll an dieser Stelle nur der Rauschanteil betrachtet werden, welcher durch den Sensor auf das Messsignal aufgeprägt wird. Das Rauschen der Messgröße selbst wird hier nicht betrachtet. Außerdem wollen wir uns auf das thermische bzw. Widerstandsrauschen (auch Johnson- oder Nyquist-Rauschen genannt) konzentrieren, da es die dominierende Rauschquelle aller resistiven, aber auch vieler anderer Sensoren ist. Das Rauschen entsteht aufgrund der thermischen Bewegung der Ladungsträger im Sensorelement und in der Sensorelektronik. Es ist selbst bei einer Eingangsgröße von Null vorhanden. Es definiert daher die untere Grenze der Messbarkeit, also der Messauflösung.

Zur Beschreibung des Rauschverhaltens und letztlich zur Quantifizierung der unteren Messbereichsgrenze das Konzept der **rauschäquivalenten Eingangsgröße** genutzt, welches im Folgenden beschrieben wird.

Realität

Wir betrachten den Fall, in welchem die Eingangsgröße x gleich null ist (Abb. 3.9a). Durch das thermische Rauschen des Innenwiderstands R des Sensors entsteht im Sensor eine Rauschspannung $U_a(t)$, wobei der Mittelwert über der Zeit null ist $\left(\overline{U_a(t)}=0\right)$. Von null verschieden ist jedoch der Mittelwert der Quadrate $\left(\overline{U_a(t)^2}>0\right)$.

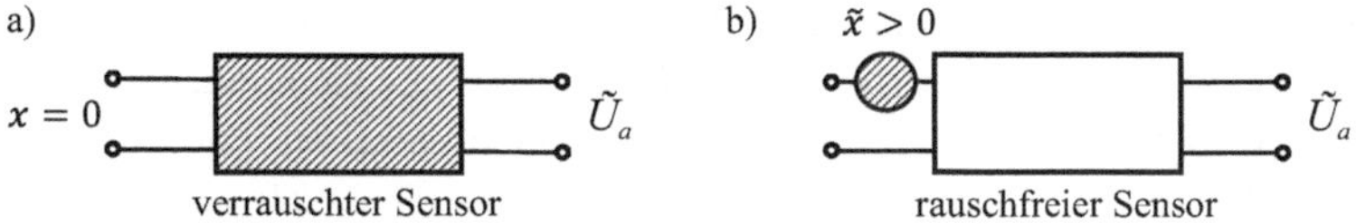

Abb. 3.9 Für die rauschäquivalente Eingangsgröße erfolgt der Übergang vom realen verrauschten Sensor ohne Eingangsgröße (**a**) zum virtuellen rauschfreien Sensor (**b**)

Auf Basis dieser Überlegung beträgt die Rauschleistung P gemäß der Nyquist-Gleichung (Kiencke et al. 2008):

$$P = \frac{\overline{(U_a(t))^2}}{R} = \frac{\tilde{U}_a^2}{R} = 4kT\Delta f. \tag{3.11}$$

Hier sind T die absolute Temperatur, k die Boltzmann-Konstante und Δf die Frequenzbandbreite. $\tilde{U}_a^2$ stellt das Quadrat des Effektivwertes der Ausgangsspannung dar, also die zeitliche Mittelung des Spannungsquadrats. Da die spektrale Rauschleistungsdichte $p = P/\Delta f = 4kTR$ konstant und damit frequenzunabhängig ist, spricht man im Falle des thermischen Rauschens von weißem Rauschen.

Am Sensorausgang tritt nun trotz fehlender Eingangsgröße eine Spannung mit dem Rauscheffektivwert $\tilde{U}_a^2$ auf:

$$\tilde{U}_a = \sqrt{4kTR\Delta f}. \tag{3.12}$$

Rauschäquivalente Eingangsgröße

Die gleiche Situation wie in Abb. 3.9a ergibt sich, wenn wir den Sensor als rauschfrei betrachten und am Sensoreingang eine Messgröße mit dem Effektivwert

$$\tilde{x} = \frac{1}{S}\sqrt{4kTR\Delta f} \tag{3.13}$$

wirken lassen, also die durch die Sensitivität S geteilte effektive Rauschausgangsspannung $\tilde{U}_a$. Dann ist das Sensorausgangssignal genau wieder das von Gl. (3.12). Die Größe $\tilde{x}$ wird als rauschäquivalente Eingangsgröße bezeichnet, da sie den vom Sensorrauschen inhärent verursachten Ausgangsspannungsbeitrag charakterisiert und sich auf die Messgröße x bezieht. Messsignale, die kleiner als $\tilde{x}$ sind, lassen sich im Rauschen nicht sicher detektieren (der Signal-Rauschabstand ist gleich eins), sodass $\tilde{x}$ die untere Grenze der Messauflösung darstellt.

Um das Sensorrauschen und damit die Messauflösung möglichst niedrig zu halten, sollte die Rauschleistung P minimiert werden. Dies kann einerseits dadurch erreicht werden, dass der Sensorwiderstand R klein gehalten wird und dass der Sensor gekühlt wird. Allerdings ist zu bedenken, dass T die absolute Temperatur bezeichnet und damit die Kühlung mit flüssigem Stickstoff (77 K) gegenüber Raumtemperatur (20 °C = 293 K) nur zu einer Halbierung des Rauschens führt, da $(77\ \mathrm{K}/293\ \mathrm{K})^{1/2} = 0{,}51$.

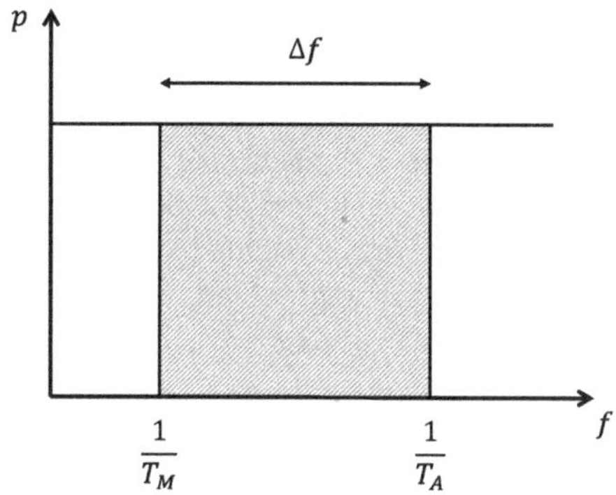

Abb. 3.10 Die spektrale Rauschleistungsdichte p des thermischen Rauschens ist frequenzunabhängig. Zur Minimierung der Rauschleistung und somit der Rauscheffektivspannung muss das durch T_M und T_A definierte Frequenzband minimiert werden

Ein deutlich größerer Effekt lässt sich erreichen, wenn die Rauschbandbreite Δf möglichst klein gehalten wird. Der Sachverhalt wird anhand von Abb. 3.10 verständlich, in welcher die spektrale Rauschleistungsdichte p als Funktion der Frequenz f dargestellt ist. Wie oben angemerkt, ist das thermische Rauschen frequenzunabhängig.

Die obere Grenze des Frequenzbandes Δf ist durch die höchste auftretende Frequenz f_{Max} im Spektrum des Messignals gegeben. Bei digitaler Signalauswertung stellt die Abtastfrequenz f_A, die nach dem Nyquist-Shannon-Abtasttheorem mindestens doppelt so groß wie f_{Max} sein sollte, die obere Grenze dar. Für die entsprechende Abtastzeit gilt $T_A = 1/f_A$.

Die untere Grenze des Frequenzbandes f_u wird durch die Messzeit $T_M = 1/f_u$ bestimmt. Die Messzeit beginnt effektiv direkt nach Kalibrierung des Sensors, weil sich sofort danach Ausgangsspannungsänderungen ohne Änderungen der Messgröße als „Drift" des Offsets bemerkbar machen können, und diese quasi tieffrequente (d. h. langsame) Rauschprozesse sind. Um diese Einflüsse zu vermeiden, wird in der Praxis häufig direkt vor Beginn einer Messung zumindest der Nullpunkt kontrolliert und ggf. die vorhandene Offsetspannung zu null gesetzt. Beispielsweise führen viele elektronische Personenwaagen nach dem Einschalten eine Selbstkalibrierung des Nullpunktes statt. Theoretisch betrachtet bedeutet das eine Minimierung der Messzeit und damit eine möglichst hohe untere Frequenzgrenze. In der Folge minimiert das die Frequenzbandbreite $\Delta f = {}^{1}\!/_{T_A} - {}^{1}\!/_{T_M}$ sowie die darin enthaltene Rauschleistung $P = p \cdot \Delta f$ und verringert damit die Rauscheffektivspannung $\tilde{U}_a$ bzw. die rauschäquivalente Eingangsgröße $\tilde{x}$.

3.6 Hystereseeinflüsse

In vielen Fällen erfährt das Ausgangssignal eines Sensors eine Hysterese, d. h. bei Erhöhung und anschließender Verringerung der Messgröße geht die Ausgangsspannung in der gleichen Zeit nicht auf den ursprünglichen Wert zurück (Abb. 3.11). Das Verhalten des Systems hängt damit von der Vorgeschichte ab. Beschrieben wird diese Eigenschaft mittels der hysteresebedingten Messabweichung ΔU_H bzw. der reduzierten Hystereseabweichung

$$\frac{\Delta U_H}{U_{FS}}, \tag{3.14}$$

welche typischerweise in Datenblättern von Sensoren angegeben wird.

Die Ursachen für eine Hysterese können vielfältig sein:

- Unterschiedliche Zeitkonstanten für die Prozesse bei der Erhöhung und Verringerung der Messgröße. Als Beispiel sei hier ein alltäglicher Vorgang genannt: Aus Erfahrung weiß man, dass Bekleidungsstücke schnell nass werden, aber langsam trocknen. Dies liegt daran, dass es sich physikalisch betrachtet einmal um eine Feuchtediffusion aus einer unendlichen Quelle (Feuchtekonzentration außerhalb bleibt bei 100 %) und das andere Mal um eine aus einer begrenzten Quelle handelt (Feuchtedifferenz zwischen Innen und Außen und somit Feuchtediffusion nehmen beim Trocknen ab). Dies führt bei Sensoren, deren Funktion auf Diffusionsprozessen beruht, z. B. bei Hygrometern oder chemischen Sensoren, zu einer teilweise deutlich ausgeprägten Hysterese.

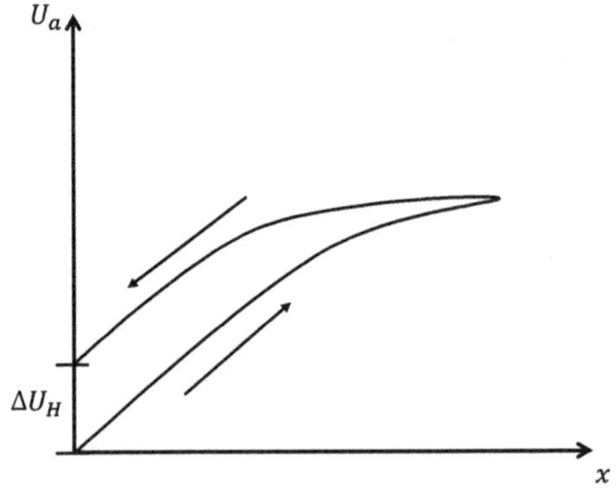

Abb. 3.11 Hysteresekurve bei Änderung der Messgröße und hysteresebedingte Messabweichung ΔU_H

- Materialbedingte Hysterese: Ferromagnetische Materialien weisen eine prägnante Hysterese zwischen magnetischer Flussdichte und äußerer Magnetfeldstärke auf. Einige Magnetfeldsensoren nutzen Ferromagnete, z. B. zur Verschiebung des Arbeitspunktes, um nicht nur den Betrag, sondern auch die Richtung des Magnetfeldes messen zu können, und erfahren somit eine Hysterese.
- Mechanisch-elastische Hysterese: Bei Sensoren mit elastischen Verformungskörpern, wie beispielsweise Platten in Drucksensoren oder Biegefedern in Kraftaufnehmern, tritt Hysterese durch interne Materialreibung oder elastische Nachwirkung auf. Die Druckplatte kehrt nach einer Druckentlastung nicht exakt auf demselben Weg in die Ausgangslage zurück, auf dem sie zuvor gedehnt wurde. Dies führt dazu, dass der Messwert bei gleichem Druck in Abhängigkeit von der Vorbelastung unterschiedlich ausfallen kann, je nachdem, ob der Druck zuvor gesteigert oder gesenkt wurde.

3.7 Genauigkeit von Sensoren

Genauigkeitsangaben/Begriffe

Durch eine Messung versuchen wir, einen Schätzwert für die Messgröße bzw. den Messwert zu erhalten. Infolge unvermeidbarer störender Einflüsse wird dieser allerdings in der Praxis niemals mit dem wahren Wert der Messgröße übereinstimmen, sondern uns nur eine Näherung für ihn geben, also eine gewisse Messabweichung aufweisen. Durch wiederholte Messungen oder Beobachtungen sowie Analyse des Messprozesses und Korrektur von (systematischen) Einflüssen und Messbedingungen können wir zu genaueren Aussagen über das Messergebnis kommen. Das Auftreten von Messabweichungen ist nicht sonderlich schlimm, weil eine vollkommen exakte Angabe des Messwertes auch niemals gebraucht wird. Vielmehr werden wir immer eine unserer Zielstellung entsprechende Unsicherheit tolerieren können.

Die Genauigkeit von Sensoren hat oft einen zentralen Einfluss auf die Gesamtunsicherheit eines Messvorgangs. Als Quelle für Informationen zur Genauigkeit stehen häufig nur die Datenblätter der Sensoren zur Verfügung. Dort ist allerdings zu berücksichtigen, dass sie vom Hersteller der Sensoren und nicht von einer neutralen Stelle zur Verfügung gestellt werden. Deshalb ist es für den Nutzer immer sinnvoll, die entsprechenden Datenblattangaben kritisch zu hinterfragen. Ein gutes Beispiel ist z. B. die Angaben zur Nichtlinearität *NL* (siehe Abschn. 3.3), für welche sich bei gleicher nichtlinearer Kennlinie nur durch Wahl des Sekanten- oder BFSL-Ansatzes unterschiedliche Kennwerte ergeben.

Beim Messen gilt der Grundsatz, dass der Messwert einer Messgröße ohne Angabe seiner Genauigkeit wenig aussagekräftig, wenn nicht sogar ganz wertlos ist. Deshalb müssen geeignete Genauigkeitsmaße benutzt werden. Seit 1993 liegt mit dem *Guide to the Expression of Uncertainty in Measurement*, kurz GUM genannt, ein international akzeptierter Leitfaden zum Ermitteln und Angeben von Messunsicherheiten vor (Gerlach und Sommer 2004; Joint Committee for Guides in Metrology 2024). Dieser hat das von Carl Friedrich Gauß begründete Konzept der Fehlerrechnung abgelöst, da sich gezeigt hatte, das dieser Ansatz unvollständig ist. Unbekannte systematische Fehler wurden dort nicht adäquat berücksichtigt.

Bei der Nutzung von Sensoren im Alltag hat der GUM bisher noch nicht in gebührendem Maß Einzug gehalten. Auch in Datenblättern findet man unter dem Stichwort Messunsicherheit praktisch nur im Ausnahmefall Informationen. Im Folgenden sollen deshalb Kennwerte zur Genauigkeit von Sensoren beschrieben werden, wie sie in der Praxis immer noch vorherrschen.

Eine gute Grundlage für die Definition häufig benutzter Begriffen in Bezug auf die Genauigkeit von Sensoren ist wiederum das Internationale Wörterbuch der Messtechnik (VIM – Vocabulaire International de Métrologie [VIM, Brinkmann 2012]). Abb. 3.12 zeigt die besonders relevanten Kennwerte. Im Einzelnen sind dies:

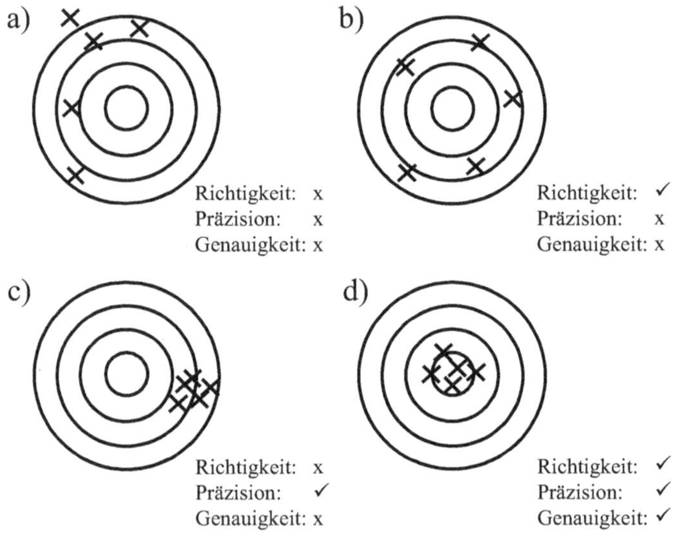

Abb. 3.12 Hohe Richtigkeit und hohe Präzision führen zusammen zu einer hohen Genauigkeit einer Messung bzw. eines Sensors

- Die **Messabweichung** (VIM, Definition 2.16) beschreibt die Differenz von Messwert minus einem Referenzwert. Dieser Referenzwert kann z. B. durch Kalibrierung mit einem Normal gewonnen werden, wobei der Messwert eine vernachlässigbare Messunsicherheit aufweist. Bei üblichen Messungen ist der Referenzwert nicht bekannt, sodass sich dann auch keine Messabweichung angeben lässt. Im Falle von Kalibriermessungen ist der Referenzwert hingegen durch das Kalibriernormal gegeben.
- Die **Genauigkeit** (engl. accuracy; [VIM, Definition 2.13]) ist das Ausmaß der Annäherung eines Messwerts an den wahren Wert der Messgröße. Die Messgenauigkeit ist dabei keine Größe und sollte deshalb – anders als es im normalen Sprachgebrauch gemacht wird – nicht quantitativ ausgedrückt werden. Man sagt, dass eine Messung genauer ist, wenn sie eine kleinere Messabweichung hat. Anders als bei der Messrichtigkeit und der Messpräzision, die auf einer größeren Anzahl von Messungen beruhen, bezieht sich die Messgenauigkeit nur auf einen einzigen Messwert. Von hoher Genauigkeit kann allerdings nur gesprochen werden, wenn beide Größen (Richtigkeit, Präzision) von hoher Güte sind.
- Die **Richtigkeit** (engl. trueness; [VIM, Definition 2.14]) ist das Ausmaß der Annäherung des Mittelwerts einer (unendlichen) Anzahl wiederholter Messwerte an einen Referenzwert. Sie ist umso größer, je geringer der Bias, d. h. die systematische Messabweichung, ist. Die Messrichtigkeit ist ebenso wie die Messgenauigkeit keine Größe und kann deshalb auch nicht quantitativ ausgedrückt werden. Dies spielt z. B. bei Kalibrierungen eine wichtige Rolle.
- Die **Präzision** (engl. precision; [VIM, Definition 2.15]) ist das Ausmaß der Übereinstimmung von Messwerten, die durch wiederholte Messungen an denselben oder ähnlichen Objekten unter vorgegebenen Bedingungen erhalten wurden. Sie wird im Allgemeinen unter vorgegebenen Messbedingungen mit Hilfe von stochastischen Kenngrößen, wie z. B. Standardabweichung oder Varianz, quantifiziert. Früher wurde die Größe auch als Wiederholgenauigkeit bezeichnet, zur Abgrenzung zum Begriff Genauigkeit wird dieser Ausdruck jedoch nicht mehr verwendet. Die Präzision wird u. a. durch Effekte wie Drift oder Hysterese beeinflusst.

Das Zusammenspiel von Richtigkeit, Präzision und Genauigkeit ist in Abb. 3.12 zum besseren Verständnis noch einmal grafisch dargestellt. Hierbei wurde beispielhaft von einer fünffach wiederholten Messung ausgegangen.

- Der **Bias der Messung** ist der Schätzwert für eine systematische Messabweichung (VIM, Definition 2.18), d. h. die Komponente der Messabweichung, die bei wiederholten Messungen konstant bleibt oder sich in vorhersagbarer Weise ändert. Der Bias kann kompensiert werden.

Beispielhaft ist der Bias in Abb. 3.12c erkennbar. Hier erscheint die Präzision recht hoch (die Werte der wiederholten Messung liegen eng beieinander), jedoch geschlossen recht weit entfernt vom Referenzwert. Es liegt hier also nahe, Bias zu vermuten, welcher korrigiert werden könnte.

- Die **Wiederholpräzision** (Wiederholbarkeit, engl. repeatability; [VIM, Definition 2.21]) ist die Messpräzision bei einer Menge von Wiederholbedingungen von Messungen. Sie beschreibt somit die Übereinstimmung innerhalb von Messreihen, bei denen z. B. die gleiche Person die Messungen mit demselben Messverfahren und demselben Messsystem unter den gleichen Betriebsbedingungen (einschließlich Ort und, soweit wie möglich, Zeit) ausführt.
- Die **erweiterte Vergleichspräzision bzw. Reproduzierbarkeit** (engl. reproducability; [VIM, Definition 2.25]) als Messpräzision unter erweiterten Vergleichsbedingungen beschreibt die Übereinstimmung innerhalb einer Reihe von Messungen, bei denen unterschiedliche Personen, Geräte, Methoden oder Bedingungen beteiligt sind. Hier wäre es sicherlich weniger überraschend, dass dies in der Regel zu deutlich mehr abweichenden Messergebnissen führt.

Darüber hinaus findet der Begriff *Auflösung* häufig Verwendung. Dieser muss klar vom Begriff *Genauigkeit* abgegrenzt werden.

- Die **Auflösung** (engl. resolution; [VIM, Definition 4.14]) ist die kleinste Änderung einer Messgröße, die in der entsprechenden Anzeige eine merkliche Änderung verursacht. Bei visuell anzeigenden Messgeräten ist sie durch die kleinste Differenz zwischen den Anzeigen bestimmt, die sinnvoll unterschieden werden können. Die Auflösung kann z. B. vom Rauschen oder von der Reibung abhängen, aber auch von der niedrigstwertigen Stelle der Digitalanzeige. In dieser Weise stellt die Auflösung den kleinstmöglichen Wert für die Messunsicherheit dar. Abb. 3.13 zeigt beispielhaft das Display eines digitalen Thermometers.

In Abb. 3.13a ist die Auflösung besser als die Genauigkeit: Zwar werden die letzten drei Nachkommastellen (Fragezeichen) im Display prinzipiell angezeigt, die Werte ändern sich dort aber so schnell, dass sie sich nicht sinnvoll ablesen lassen. In Abb. 3.13b ist es umgekehrt: Hier ist die Genauigkeit des Thermometers deutlich besser als die Auflösung, da vier Nachkommastellen zuverlässig abgelesen werden

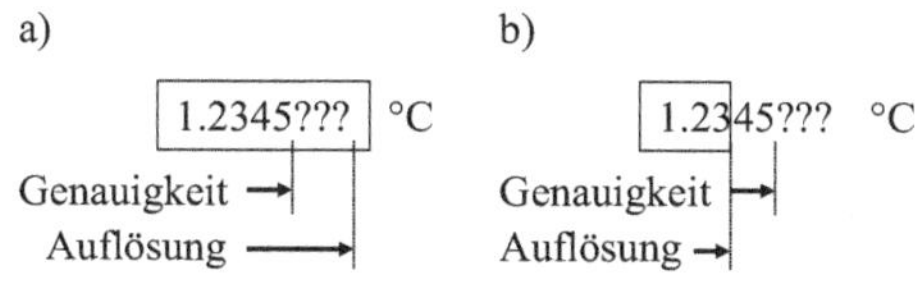

Abb. 3.13 Zur Unterscheidung von Genauigkeit und Auflösung eines Sensors oder Messsystems

könnten. Da aber nur zwei von diesen angezeigt werden, wird also Genauigkeit verschenkt. An diesem Beispiel zeigt sich, dass Auflösung und Genauigkeit zwei getrennte Dinge beschreiben. In der Praxis wird man bestrebt sein, Auflösung und Genauigkeit so zu gestalten, dass sie möglichst in der gleichen Größenordnung liegen.

Maximale Messabweichung (Toleranzgrenze, Garantiefehlergrenze)
Eine weitere wichtige Angabe, welche sich typischerweise im Datenblatt eines Sensors oder Messsystems findet, ist die maximale Messabweichung $(\Delta U_a)_{\max}$. Diese beschreibt die maximale Messabweichung für alle zugelassenen Messbedingungen (etwa schwankende Speisespannung, breiter Temperaturbereich, Hysterese, maximale Messzeit usw.). Eine typische Angabe ist etwa:

$$(\Delta U_a)_{\max} = \pm 0{,}1\,\%\,\mathrm{MW} \pm 0{,}3\,\%\,\mathrm{FS}. \tag{3.15}$$

Hierbei bezeichnen MW den Messwert und FS den Messbereichsendwert (Full Scale). Zu beachten ist, dass diese maximalen Messabweichungen keine Messunsicherheiten im Sinne des GUM sind, sondern Toleranzgrenzen. In Analogie zu den bisher bereits diskutierten Abweichungen kann auch eine reduzierte maximale Messabweichung definiert werden:

$$(\Delta U_a)_{\max,\mathrm{red}} = \frac{(\Delta U_a)_{\max}}{U_{FS}}. \tag{3.16}$$

Genauigkeitsklassen
Sensoren bzw. Messsysteme können einer Genauigkeitsklasse zugeordnet werden (DIN EN 60051-1 2017). Sie bezeichnet die maximale reduzierte Abweichung als Prozentzahl, bezogen auf die Ausgangsspannung am Messbereichsende. Diese muss kleiner als die Genauigkeitsklassengrenze sein. Dazu müssen die Referenzbedingungen festgelegt sein. Das sind beispielsweise die Temperatur (23 ± 2) °C für Klassenzeichen 0,5 oder größer, sonst (23 ± 1) °C, eine relative Luftfeuchte von (40 … 60) % und weitere. Die Genauigkeitsklassen lauten

$$0{,}05 \quad 0{,}2 \quad 0{,}3 \quad 0{,}5 \quad 1 \quad 1{,}5 \quad 2 \quad 2{,}5 \quad 3 \quad 5.$$

Für einen Sensor der Klasse 0,2 gilt also beispielsweise $(\Delta U_a)_{\text{max, red}} \leq 0{,}2\ \%$ FS. Früher wurden Messgeräte mit einer Genauigkeitsklasse von kleiner 1 als Feinmessgeräte, ab 1 und größer als Betriebsmessgeräte bezeichnet. Diese Unterscheidung, wenngleich nicht mehr offiziell, findet sich auch heute noch häufig im Sprachgebrauch.

Fehlerbänder

Neben der maximalen Messabweichung finden sich in den Datenblättern von Sensoren weitere Darstellungsvarianten, z. B. als sogenanntes Fehlerband (Abb. 3.14). Diese können messwert- (Abb. 3.14a) oder endwertbezogen (Abb. 3.14b) sein. Wenn die Messabweichungen an Anfang und Ende des Messbereichs besonders hoch sind, werden gelegentlich auch gestufte Fehlerbänder angegeben (Abb. 3.14c).

Behandlung unerwünschter Einflüsse

Die Genauigkeit von Sensoren wird durch eine Vielzahl unerwünschter Einflüsse begrenzt (Störgrößen, Hysterese, zeitliche Drift, …). Um diesen entgegenzuwirken, lassen sich verschiedene Maßnahmen ergreifen, welche sich im Wesentlichen in drei Gruppen gliedern lassen:

- **Korrigieren**: Möglichkeiten dafür sind die Mehrfachmessung und das anschließende Mitteln der Messwerte oder das parallele Aufnehmen einer Störgröße (z. B. der Temperatur) und die anschließende Korrektur der eigentlichen Messgröße anhand einer Störgrößen-Kalibrierkurve.
- **Kompensieren**: Hierzu zählen Maßnahmen, welche unerwünschte Einflüsse von vorherein verringern. Große Bedeutung hat z. B. die Differenzmethode zur

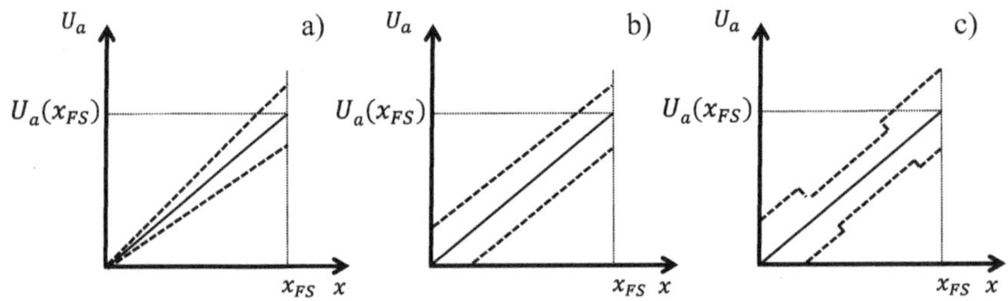

Abb. 3.14 Angabe der maximalen Messabweichungen bei Sensoren in Form von Fehlerbändern: (**a**) bezogen auf den Messwert ($\pm\Delta U_a/U_a(x)$), (**b**) bezogen auf den Messbereichsendwert ($\pm\Delta U_a/U(x_{FS})$), (**c**) gestuftes Fehlerband

Eliminierung sowohl der Offsetspannung als auch des Einflusses von Störgrößen, insbesondere der Temperatur (siehe Abschn. 3.2).

- **Abschirmen**: Hierbei werden störende Einflüsse durch Isolation des Messsystems von der Umgebung verringert. Von großer Bedeutung sind dabei die thermische Isolation oder die Thermostatisierung, um Temperaturänderungen zu verhindern, die elektromagnetische Schirmung oder eine Kapselung zur Verringerung des Einflusses der Luftfeuchte.

3.8 Datenblätter

Wie oben vermerkt, dienen Datenblätter sicherlich zur Information des Kunden über die Eigenschaften eines Sensors, sind aber auch ein Werbeprospekt des Herstellers zum erfolgreichen Verkauf des Sensors. Prinzipiell sollte dem potenziellen Nutzer deshalb bewusst sein:

- Dem Anwender wird es mit den Datenblattangaben nicht immer einfach gemacht, da die Begriffe, Bedeutungen und Definitionen der Hersteller teilweise sehr unterschiedlich sind.
- Es ist daher notwendig, immer auch das Kleingedruckte zu lesen und Gleiches mit Gleichem zu vergleichen.
- Wie das Beispiel der Nichtlinearität von Abschn. 3.3 zeigt, bedeutet die kleinste Zahl nicht immer auch die beste Eigenschaft und den hochwertigsten Sensor.

Abb. 3.15 zeigt beispielhaft den Auszug aus einem Datenblatt zu den technischen Spezifikationen für einen Drucksensors. Dort erkennen wir:

- Die Spanne des Sensorausgangssignals für den jeweiligen Messbereich ist typabhängig wahlweise eine speisespannungsunabhängige (nichtratiometrische) Ausgangsspannung zwischen 0 V und 5 V, 6 V oder 10 V, eine zur Speisespannung proportionale (ratiometrische) Ausgangsspannung oder ein Stromsignal zwischen 4 mA und 20 mA (lebender Nullpunkt).
- Der Nenntemperaturbereich beträgt – 40 °C bis wahlweise + 90 °C oder + 125 °C.
- Die garantierte maximale Messabweichung (hier als Gesamtfehler bezeichnet) beträgt für Standardsensoren ± 1 % FS im Temperaturbereich (– 40 … + 90)°C und ± 2 % FS im Temperaturbereich (– 40 … + 125)°C, was einer Genauigkeitsklasse von 2 bzw. 1 entspricht. Bei hochgenauen Sensoren ist die garantierte maximale Messabweichung ± 0,2 % FS und die Genauigkeitsklasse damit 0,2.

Druckbereiche

Nenndruck	0,2–50 bar, absolut 0,2–600 bar, relativ [1]
Überdruck	2× Nenndruck
Berstdruck	3× Nenndruck
Druckart	Relativ- und Absolutdruck

Elektrische Eigenschaften

Versorgungsspannung	9–30 V 12–30 V 5 ± 0,5 V
Stromaufnahme	typ. 10 mA
Ausgangssignal	4–20 mA, 2-Leiter-Technik 0–5 V, 1–6 V, 0–10 V 0,5–4,5 V (ratiometrisch)
Überspannungsschutz [2]	± 30 V
Verpolungsfestigkeit [2]	± 30 V

Mechanische Eigenschaften

Messelement	Edelstahl Silizium mit Edelstahlmembran und Ölvorlage
Material Gehäuse	Edelstahl
Druckanschluss	SW 27, G1/4", M12×1,5
Gewinde	Außengewinde [3]

Elektrischer Anschluss	Bosch Kompakt-Stecker, MQS-Stecker, Packard-Stecker, M12x1-Stecker [3]
Einbaulage	Beliebig
Gewicht	ca. 55 g

Genauigkeit

Gesamtfehler (Standard) [4]	± 1 % FS (0–90 °C) ± 2 % FS (–40–125 °C)
Gesamtfehler (Hochgenau) [4]	± 0,2 % FS

Umgebungsbedingungen

Nenntemperaturbereich	–40–90 °C (125 °C)
Medientemperaturbereich	–40–90 °C (125 °C)
Medienkompatibilität	Öle, Treibstoff, Diesel, H_2, CNG, LPG

[1] –1 bar als Anfangswert Relativdruck möglich
[2] Abhängig vom Ausgangssignal und der Applikation
[3] Andere Druckanschlüsse und elektrische Anschlüsse auf Anfrage erhältlich
[4] Umfasst Wiederholbarkeit, Hysterese, Nichtlinearität (TBL), Kalibrierung und Temperatureffekte; abhängig vom Druck- und Temperaturbereich

Abb. 3.15 Technische Spezifikationen für Drucksensoren der Serie IPS für harte Einsatzbedingungen (Hersteller: i2s – Intelligente Sensorsysteme Dresden GmbH) (Drucksensor IPS n.d.)

- Diese garantierte maximale Messabweichung, im Datenblatt Genauigkeit genannt, umfasst die Wiederholbarkeit, Hystereseeffekte, die Nichtlinearität, die Kalibrierung und die Temperatureffekte.
- Separate Angaben zu Temperaturkoeffizienten des Offsets und der Sensitivität sind nicht gemacht, aber im Parameter „Genauigkeit“ enthalten.

Messmethoden in Sensoren 4

4.1 Übersicht

Die Durchführung einer Messung erfordert die Wahl eines geeigneten Messverfahrens, das immer auf einem Messprinzip und einer (oder mehreren) Messmethoden besteht (International Vocabulary of Metrology 2012; Brinkmann 2012):

- **Messverfahren** (VIM, Def. 2.6): Detaillierte Beschreibung einer Messung gemäß einer oder mehrerer Messprinzipien und einer Messmethode auf der Grundlage eines Modells der Messung und einschließlich aller Berechnungen zum Erhalt eines Messergebnisses.
- **Messprinzip** (VIM, Def. 2.4): Phänomen, das als Grundlage einer Messung dient.
- **Messmethode** (VIM, Def. 2.5): Allgemeine Beschreibung des logischen Vorgehens zur Durchführung einer Messung.

Während das Feld der für Sensoren nutzbaren Messprinzipien, d. h. physikalischen Phänomene, unermesslich groß ist, beschreiben Messmethoden allgemeine Regeln zur Durchführung einer Messung. Sie sind nicht an eine physikalische Realisierung gebunden und damit von großer Allgemeingültigkeit. Deshalb soll im Folgenden an ausgewählten Messmethoden gezeigt werden, wie sich dadurch gezielt die Eigenschaften von Sensoren – z. B. im Hinblick auf Sensitivität, Störgrößeneinfluss und Nichtlinearität – verbessern lassen. Es gibt eine Vielzahl verschiedener Messmethoden:

G. Gerlach et al., *Einführung in die Sensorik: Grundlagen*, essentials,
https://doi.org/10.1007/978-3-662-73452-0_4

- **Ausschlagsmethode**: Hierbei wird die Messgröße direkt in eine Ausgangsgröße umgewandelt. Beispiele: Thermoelement, piezoelektrischer Kraftsensor, Federwaage.
- **Direkte Messung**: Grundlegende Messmethode, bei der eine Messgröße unmittelbar durch Ablesen mit einem die Einheit tragenden Maßstab verglichen wird, d. h. ohne Umrechnung oder Berechnung aus anderen Werten. Beispiele: Längenmessung mit einem Lineal, Bestimmung der Masse mit einer Balkenwaage, Messung von Spannung oder Strom mit einem Volt- bzw. Amperemeter.
- **Indirekte Messung**: Die zu messende Größe wird aus den Messdaten einer oder mehrerer Größen ermittelt, die mit der gesuchten Größe in einem definierten Zusammenhang stehen. Beispiele: Bestimmung der Masse über den Federweg, Bestimmung der Fläche durch Längenmessungen, Messung der Strömungsgeschwindigkeit über die Druckdifferenz an einer Venturi-Düse, Messung des Widerstands über den Spannungsabfall bei aufgeprägter Stromstärke.
- **Kontinuierliche Messung**: Ununterbrochene Erfassung einer Messgröße in Echtzeit, um Prozesse oder Zustände lückenlos zu überwachen. Standardfall in der Messtechnik.
- **Diskontinuierliche Messung**: Messung in Intervallen oder zu bestimmten Zeitpunkten mit Unterbrechung der Messwertaufnahme, meist bei begrenzten Ressourcen (z. B. Batterielebensdauer) oder bei sich langsam ändernden Prozessen. Beispiele: Temperaturmessung in Multifunktionsuhren, periodische Abgasmessung an Kraftwerken, Verschleißmessung an einem Bauteil.
- **Inkrementale Messung**: Verfahren (z. B. zur Weg- oder Winkelbestimmung), bei dem eine Größe (z. B. Bewegung) in viele kleine, gleich große Schritte (Inkremente) unterteilt und diese Schritte gezählt werden. Sie liefert eine relative Messwertangabe durch Zählung von Schritten von einem Startpunkt aus, wobei durch eine Referenzmessung die absolute Position beim Start zu bestimmen ist. Beispiele: Winkelmessungen oder Wegmessungen an Werkzeugmaschinen.
- **2ω/3ω-Methode**: Hierbei wird ein Sensor zunächst mit einer harmonischen Schwingung der Frequenz ω angeregt. Durch ein nichtlineares Systemverhalten (z. B. durch nichtlineare Magnetisierungskurve $B = \mu_1 H + \mu_2 H^2$ oder leistungsproportionale Erwärmung infolge der Verlustleistung $P_{\text{Verlust}} = IR^2$) treten neben der Grundschwingung höhere Harmonische auf, wobei die Anteile des Messsignals und der Störgrößen bei unterschiedlichen Harmonischen auftreten. Vorteilhafterweise ist der 2ω- bzw. 3ω-Term nur von der Messgröße, aber nicht von den Stör- bzw. Anregungsgrößen abhängig. Beispiele: Fluxgate-Magnetometer

(Förster-Sonde), Bestimmung der Wärmeleitfähigkeiten von Volumenmaterial und dünnen Schichten.
- **Substitutionsmessmethode**: Die zu bestimmende Größe wird schrittweise durch einzelne Größen ersetzt, aus denen man dann diejenige auswählt, bei der sich der Zustand des Messgeräts am wenigsten vom Zustand bei der Messung der Größe unterscheidet. Beispiele: Wägung unter Nutzung von Gewichtssätzen, Messung des elektrischen Widerstands mit Widerstandsdekaden.
- **Differenzmethode**: siehe Abschn. 4.2.
- **(Kraft)Kompensationsmethode/Nullmessmethode**: siehe Abschn. 4.3.

4.2 Differenzmethode

Bei der Differenzmethode wird der Messgröße eine Vergleichsgröße gegenübergestellt und die Differenz zwischen beiden gemessen. Wirken nun Störungen, z. B. durch Temperaturänderungen, in gleicher Weise auf die Mess- und die Vergleichsgröße, ergibt sich für die Differenz eine deutlich kleinere Wirkung.

Im Folgenden wollen wir in Abb. 4.1 den prinzipiellen Aufbau eines Sensors betrachten, der die Differenzmethode nutzt. Vorteilhafterweise nutzen wir für den Mess- und den Vergleichspfad zwei identische Sensoren 1 und 2 mit gleicher Sensitivität $f(x_{1,2}, z)$:

$$U_{a1} = f(x_1, z) = Sx_1 + U_z(z) + U_0, \tag{4.1}$$

$$U_{a2} = f(x_2, z) = Sx_2 + U_z(z) + U_0, \tag{4.2}$$

wobei $U_z(z)$ der durch die Störgröße, z. B. die Temperatur, verursachte Ausgangsspannungsanteil und U_0 ein konstanter, auf beide Sensorteile wirkender Offsetspannungsanteil sind. An dieser Stelle wird der Einfachheit halber nur eine Störgröße betrachtet. Die resultierende Differenzspannung ist dann:

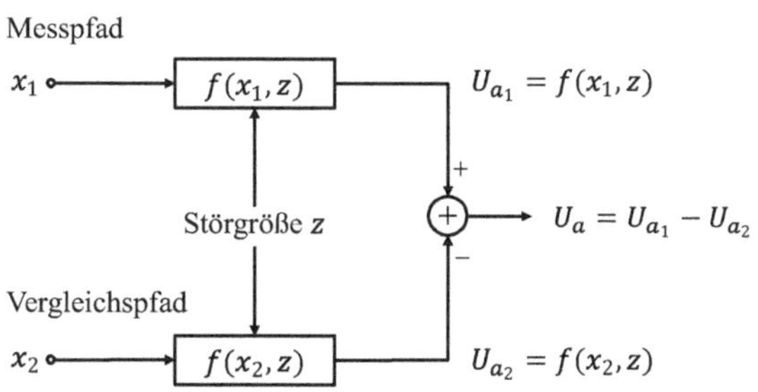

Abb. 4.1 Blockschema eines Sensors unter Nutzung der Differenzmethode

$$U_a = U_{a1} - U_{a2} = S(x_2 - x_1). \tag{4.3}$$

Im Praktischen finden nun zwei Fälle Anwendung:

1. $\boldsymbol{x_1 = x;\ x_2 = 0}$: Hier wirkt die Messgröße x nur auf den Teilsensor 1, während beide Teilsensoren den Störgrößen in gleicher Weise ausgesetzt sind. Damit ergibt sich aus Gl. (4.3):

$$U_a = S \cdot x \neq \mathrm{f}(z). \tag{4.4}$$

Durch die Differenzbildung wird sowohl der Störgrößeneinfluss als auch der Einfluss von Offsetspannungen beseitigt. Dies trifft natürlich 100 %ig nur im idealen Fall zu, wenn die Sensitivität beider Pfade hinsichtlich der Mess- und der Störgrößen absolut identisch ist.

2. $\boldsymbol{x_1 = x;\ x_2 = -x}$: In einigen Anwendungsfällen lässt sich erreichen, dass die Messgröße x mit positivem Vorzeichen auf den Teilsensor 1 und mit entgegengesetztem Vorzeichen auf den Teilsensor 2 wirkt. Ein Beispiel sind Dehnmessstreifen auf der Ober- und Unterseite eines Biegebalkens, wobei ein Sensor eine Dehnung und der gegenüberliegende eine Stauchung mit gleichem Betrag erfährt. Für solch einen Fall ergibt sich aus Gl. (4.3):

$$U_a = 2 \cdot S \cdot x \neq \mathrm{f}(z). \tag{4.5}$$

Bemerkenswert ist hier, dass sich auf diese Weise die Sensitivität verdoppelt.

Ein dritter Vorteil der Differenzmethode – neben Störgrößenunterdrückung und Sensitivitätserhöhung – betrifft die Verbesserung der Linearität. Um dieses zu zeigen, gehen wir im Fall 2 von einem nichtlinearen Zusammenhang zwischen der Ausgangsspannung U_a und der Messgröße x bzw. $-x$ der beiden Teilsensoren aus. Die Taylor-Reihenentwicklung um den Arbeitspunkt x_0 (Nullpunkt) ergibt:

$$U_{a1}(x) = \mathrm{f}(x_0 + x) = \mathrm{f}(x_0) + \frac{x}{1!}\mathrm{f}'(x_0) + \frac{x^2}{2!}\mathrm{f}''(x_0) + \frac{x^3}{3!}\mathrm{f}'''(x_0) + \ldots = U_{\mathrm{off}} + S_1 x + S_2 x^2 + S_3 x^3 + \ldots, \tag{4.6}$$

$$U_{a2}(x) = \mathrm{f}(x_0 - x) = \mathrm{f}(x_0) - \frac{x}{1!}\mathrm{f}'(x_0) + \frac{x^2}{2!}\mathrm{f}''(x_0) - \frac{x^3}{3!}\mathrm{f}'''(x_0) + \ldots = U_{\mathrm{off}} - S_1 x + S_2 x^2 - S_3 x^3 + \ldots \tag{4.7}$$

Durch die Differenzbildung der beiden Spannungen erhält man nun:

$$U_a(x) = U_{a1}(x) - U_{a1}(x) = 2S_1 x + 2S_3 x^3 + \ldots = Sx\left(1 + \frac{2S_3}{S}x\right). \tag{4.8}$$

$S = 2S_1$ ist dabei die Sensitivität gemäß Gl. (3.1), $2S_3x/S$ beschreibt die relative Nichtlinearität des Sensorausgangssignals gemäß Gl. (3.8) in Bezug auf die Tangente im Arbeitspunkt. Wir sehen folgende Effekte:

- **Kompensation der Offsetspannungen und der Störeinflüsse**: Die Gleichanteile $f(x_0) = U_{\mathrm{off}}$ der beiden Teilsensoren kompensieren sich zu null. Gleiches würde mit additiven Störungen passieren, die auf beide Teilsensoren gleichzeitig wirken (siehe Gln. (4.1) und (4.2)).
- **Erhöhung der Sensitivität**: Die Sensitivität S des Differenzsensors beträgt das Doppelte der Sensitivitäten S_1 der beiden Teilsensoren.
- **Verbesserung der Nichtlinearität (NL)**: Durch die Differenzbildung heben sich die quadratischen und alle weiteren NL-Anteile mit geradzahligen Potenzen auf, während sich die NL-Anteile mit ungeradzahligen Potenzen verdoppeln. Da aber in der Regel die NL-Anteile mit zunehmender Potenz immer kleiner werden, d. h. der quadratische NL-Anteil gegenüber dem kubischen um ein Vielfaches größer ist, resultiert daraus eine deutliche Verringerung der Nichtlinearität.

Beispiel: Resistiver Temperatursensor des Typs PT100

Ein PT100 ist ein Platin-Widerstandssensor, der zur Temperaturmessung verwendet wird, wobei "Pt" für Platin als dem Widerstandsmaterial steht und "100" den Nennwiderstand R_0 von 100 Ω bei $\vartheta_0 = 0$ °C angibt. Der temperaturabhängige Widerstand beträgt:

$$R(\vartheta) = R_0\left[1 + \alpha_R(\vartheta - \vartheta_0)\right] = R_0(1 + \alpha_R\Delta\vartheta) = R_0(1 + r). \tag{4.9}$$

Die Temperaturänderung $\Delta\vartheta$ ist die Messgröße. Der Temperaturkoeffizient α_R eines Platinwiderstands beträgt im Raumtemperaturbereich $3{,}85 \cdot 10^{-3}$ K^{-1}. Im Folgenden werden wir der Einfachheit halber zunächst mit r statt mit $\alpha_R\Delta\vartheta$ rechnen. Vermerkt werden soll auch, dass für einen angenommenen maximalen Messtemperaturbereich von 0 °C bis 10 °C die relative Widerstandsänderung $r_{\max} = 3{,}85 \cdot 10^{-2}$ beträgt, also kleiner als 4 % ist.

Fall 1 (Abb. 4.2a): Zur Auswertung der Widerstandsänderung des PT100 wird ein Spannungsteiler aus dem Messwiderstand $R_1 = R_0(1 + r)$ und einem temperaturunbeeinflussten Widerstand $R_2 = R_0$ benutzt. Die Ausgangsspannung beträgt:

$$U_a = U_0\frac{R_1}{R_1 + R_2} = U_0\frac{1+r}{2+r} = U_0\left(\frac{1}{2} + \frac{r}{4}\frac{1}{1+\frac{r}{2}}\right) \tag{4.10}$$

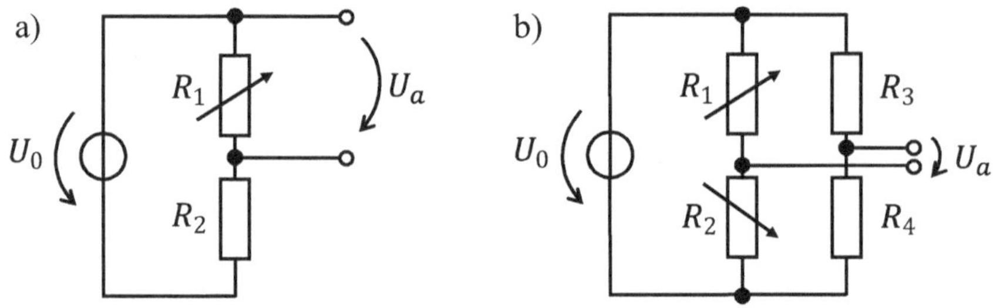

Abb. 4.2 Auswertung der Widerstandsänderung von PT100-Widerständen mit (**a**) einem Spannungsteiler und (**b**) einer Halbbrückenschaltung

Mit der Reihenentwicklung $\frac{1}{1+x} = 1 - x + x^2 - x^3 + \ldots$ wird aus Gl. (4.10):

$$\begin{aligned} U_a &= U_0 \left[\frac{1}{2} + \frac{r}{4} \left(1 - \frac{r}{2} + \frac{r^2}{4} - \frac{r^3}{8} + \ldots \right) \right] \\ &= \frac{1}{2} U_0 + \frac{1}{4} U_0 r \left(1 - \frac{r}{2} + \frac{r^2}{4} - \frac{r^3}{8} + \ldots \right) \end{aligned} \tag{4.11}$$

bzw. wegen $r \ll 1$ näherungsweise:

$$U_a \approx \frac{1}{2} U_0 + \frac{1}{4} U_0 r \left(1 - \frac{r}{2} \right) = \frac{1}{2} U_0 + \frac{1}{4} U_0 \alpha_R \Delta\vartheta \left(1 - \frac{\alpha_R \Delta\vartheta}{2} \right) \tag{4.12}$$

Der erste Term in dieser Gleichung beschreibt eine Offsetspannung, die genau die halbe Speisespannung beträgt, aber keinerlei Messinformation beinhaltet. Der zweite Term $\frac{1}{4} U_0 \alpha_R \Delta\vartheta$ kennzeichnet die (gewünschte) lineare Abhängigkeit der Ausgangsspannung von der Temperaturdifferenz $\Delta\vartheta$. Dieser Anteil an U_a beträgt gegenüber dem Offsetanteil $U_0/2$ für $\Delta\vartheta = 10$ °C gerade einmal 2 %! Hier lässt sich erkennen, wie unerwünscht dieser große Offsetanteil gegenüber dem kleinen temperaturabhängigen U_a-Anteil für die elektronische Auswertung ist. Die Sensitivität des Sensors beträgt:

$$S_{\text{Fall}\,1} = \frac{1}{4} U_0 \cdot \alpha_R. \tag{4.13}$$

Der zweite Anteil in der runden Klammer von Gl. (4.12) beschreibt wegen der quadratischen Abhängigkeit von $\Delta\vartheta$ die Nichtlinearität des Sensors. Die in Gl. (4.12) gegenüber Gl. (4.11) weggelassenen höheren Potenzen von $\Delta\vartheta$ sind gegenüber dem quadratischen Anteil sehr klein und deshalb vernachlässigbar.

Fall 2 (Abb. 4.2b): Zur Auswertung der Widerstandsänderung des PT100 wird jetzt eine sogenannte Halbbrücke benutzt, bei der zwei Messwiderstände $R_1 = R_0(1 + r)$, $R_2 = R_0(1 - r)$ und zwei temperaturunbeeinflusste Widerstände $R_3 = R_4 = R_0$ benutzt werden.[1] Die Ausgangsspannung beträgt hier:

$$\begin{aligned} U_a &= U_0\left(\frac{R_4}{R_3+R_4} - \frac{R_2}{R_1+R_2}\right) = U_0\left(\frac{1}{2} - \frac{1-r}{2}\right) = \frac{1}{2}U_0 r \\ &= \frac{1}{2}U_0 \cdot \alpha_R \cdot \Delta\vartheta = S_{\text{Fall}\,2} \cdot \Delta\vartheta. \end{aligned} \tag{4.14}$$

Wir sehen:

- Der Offsetspannungsanteil in Fall 1, der gemäß Gl. (4.12) die halbe Speisespannung betrug, wurde durch die Differenzbildung mit dem Spannungsteiler $R_3 \parallel R_4$ kompensiert.
- In Gl. (4.14) tritt kein Nichtlinearitätsanteil mehr auf.
- Die Sensitivität ist für die Halbbrücke mit zwei von vier temperaturveränderlichen Widerständen doppelt so hoch wie die in Gl. (4.13):

$$S_{\text{Fall}\,2} = \frac{1}{2}U_0 \cdot \alpha_R = 2 \cdot S_{\text{Fall}\,1} \tag{4.15}$$

- Würde der Spannungsteiler von Abb. 4.2a mit dem einzelnen Messwiderstand R_1 ähnlich wie im Fall 2 von Abb. 4.2b durch einen zweiten Spannungsteiler $R_3 \parallel R_4$ ergänzt, würde man eine Viertelbrücke erhalten, wobei sich durch den Zweig $R_3 \parallel R_4$ nur der Offsetanteil $U_0/2$ kompensiert.

4.3 Kompensationmethode

Bei der Kompensationsmethode wird eine Messgröße durch eine entgegengesetzte gleichartige Größe auf null abgeglichen. Sie ist nur dann anwendbar, wenn die Messgröße positive und negative Werte annehmen kann (z. B. Kraft, Drehmoment, elektrische Spannung).

Das Wesen der Kompensationsmethode soll am Beispiel einer Waage mit elektrodynamischer Kraftkompensation erläutert werden (Abb. 4.3). Die zu mes-

[1] PT100-Widerstände mit negativem Temperaturkoeffizienten gibt es zwar nicht, aber sogenannte Heißleiter aus z. B. Halbleitermaterialien, deren Widerstand mit der Temperatur sinkt.

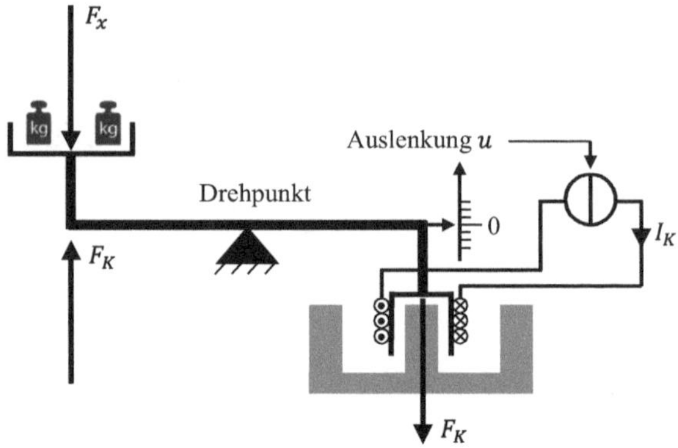

Abb. 4.3 Wägung mit elektrodynamischer Kraftkompensation

sende Gewichtskraft F_x führt über den Wägebalken zu einer Auslenkung u. Bei der Ausschlagsmethode würde diese in eine elektrische Größe – das Ausgangssignal – umgewandelt. Im Unterschied dazu wird bei der Kompensationsmethode die Auslenkung nun dazu benutzt, eine Stromquelle I_K anzutreiben, die in einem elektrodynamischen Tauchspulenaktor die Kompensationskraft F_K erzeugt. I_K wird durch eine Regelung immer so eingestellt, dass die Auslenkung u möglichst zu null wird, d. h. die resultierende Kompensationskraft F_K genau der Messkraft F_x entspricht.

Dieses Vorgehen lässt sich durch das in Abb. 4.4 dargestellte Blockdiagramm verallgemeinern. Die Messgröße x (Messkraft F_x) führt im Messzweig (Sensitivität S) zu einer Anzeige y (z. B. Auslenkung u), die auf null geregelt wird. Im Rückführungszweig (mit „Aktivität" R des Rückführungsaktors) wird eine zu y proportionale Kompensationsgröße x_K (Kompensationskraft F_K) erzeugt, die der Messkraft x entgegen wirkt. Die verbleibende Abweichung $\Delta x = x - x_K$ verändert dann die resultierende Anzeige y, bis sie im Idealfall zu null wird.

Zwei wichtige Aspekte sind hier festzuhalten:

- Abb. 4.4 stellt einen Regelkreis dar, wobei x die Führungsgröße, Δx die Regelabweichung, y die Stellgröße, x_K die Regelgröße, S der Regler und R die Regelstrecke sind.
- Im Falle der Ausschlagmethode wäre das Messsignal U_a (bzw. y). Bei der Kompensationsmethode wird jedoch y zu null geregelt, sodass nun die Kompensationsgröße x_K unser Sensorausgangssignal ist. In praktischen Anwendungen wird x_K in ein elektrisches Signal gewandelt.

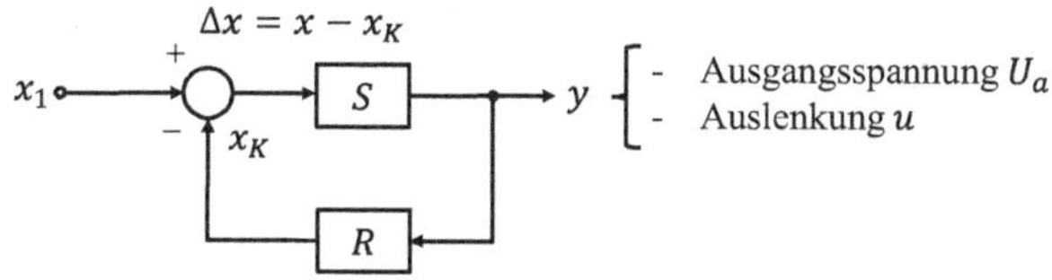

Abb. 4.4 Blockdiagramm des Messsystems mit Kraftkompensation

Gemäß Abb. 4.4 gilt:

$$y = S \cdot \Delta x, \tag{4.16}$$

$$x_K = R \cdot y, \tag{4.17}$$

$$\Delta x = x - x_{K.} \tag{4.18}$$

Daraus lässt sich für das Sensorausgangssignal x_K folgende Beziehung ableiten:

$$x_K = \frac{SR}{1+SR} x \approx x\left(\text{für } SR \gg 1\right). \tag{4.19}$$

Diese Gleichung besagt, dass Messgröße x und Kompensationsgröße x_K umso besser übereinstimmen, je höher die Kreisverstärkung SR von Sensor und Aktor ist. Der Vorteil der Kompensationsmethode wird deutlich, wenn wir den Einfluss von Störungen ΔS und ΔR von Sensitivität S und Aktivität R auf unser Sensorausgangssignal x_K betrachten.

Beim **Sensor mit Ausschlagsmethode** änderte sich die Ausgangsspannung durch relative Änderungen $\Delta S/S$ der Sensitivität um:

$$\Delta U_a = \frac{\partial U_a}{\partial S} \Delta S = \frac{\partial\left(S \cdot x\right)}{\partial S} \Delta S = \Delta S \cdot x. \tag{4.20}$$

Für die relative eingangsbezogene Abweichung ergibt sich somit:

$$\frac{\Delta x}{x} = \frac{1}{x} \frac{\Delta U_a}{S} = \frac{\Delta S}{S}. \tag{4.21}$$

Für den **Sensor mit Kompensationsmethode** folgt aus Gl. (4.19):

$$\Delta x_K = \left(\frac{\partial x_K}{\partial S} \Delta S + \frac{\partial x_K}{\partial R} \Delta R\right) x = \left(\frac{R}{\left(1+SR\right)^2} \Delta S + \frac{S}{\left(1+SR\right)^2} \Delta R\right) x \tag{4.22}$$

bzw. für $SR \gg 1$:

$$\frac{\Delta x_K}{x} \approx \left(\frac{\Delta S}{S} + \frac{\Delta R}{R}\right) \frac{1}{SR}. \tag{4.23}$$

Aus dem Vergleich von Gl. (4.23) mit Gl. (4.21) wird ersichtlich, dass sich der Einfluss von Störungen auf den Sensor – egal ob durch Störgrößen, Rauschen oder zeitliche Änderungen der Sensoreigenschaften – durch die Kompensationsmethode um den Faktor SR, also die Kreisverstärkung, verringern lässt. Außerdem kommen weitere Vorteile dazu:

- Die Komponenten des Sensors befinden sich näherungsweise immer im Initial- bzw. Ruhezustand. Dies vermindert oder vermeidet Relaxations- und Kriecheffekte.
- Da auftretende Auslenkungen durch die Messgröße über den Regelkreis aktiv ausgeglichen werden (Kompensation auf $\Delta x \approx 0$), lässt sich bei korrekter Parametrierung eine deutlich kürzere Einschwingzeit erreichen als bei der passiven Ausschlagmethode.
- Große Auslenkungen führen in der Regel zu einem Ansteigen der Nichtlinearität von Sensoren, was auch zu einer Begrenzung des Messbereichs führt. Da durch die Kraftkompensation die Auslenkung de facto immer null ist, sind die Nichtlinearitäten deutlich reduziert und ggf. kann der zulässige Messbereich vergrößert werden.

Alle diese Eigenschaften machen die Nutzung der (Kraft-)Kompensationsmethode insbesondere für Präzisionssensoren interessant, wobei die höhere Genauigkeit natürlich durch einen größeren Aufwand und damit höhere Kosten erkauft wird. Die Kompensationsmethode wird vielfältig angewendet (Schulz et al. 2012). Beispiele sind:

- elektrodynamische Labor- und Präzisionwaagen,
- Breitband-Lambdasonden zur Messung des Restsauerstoffgehalts von Abgasen in Verbrennungsmotoren,
- Heißdrahtanemometer im Konstanttemperaturmodus,
- Rasterkraftmikroskope im Konstantkraftmodus.

Systemtheoretische Sensormodelle 5

5.1 Übersicht Wandlertypen

In diesem Kapitel wollen wir uns Sensoren als Wandlerelemente von einer etwas übergeordneten Warte aus anschauen. Grundlegende Überlegungen dazu sind u. a. in Middelhoek (1998) und Kwaaitaal (1993) zu finden. Als Ausgangspunkt nutzen wir das Wissen, dass die Einwirkung einer mechanischen, elektrischen oder anderen Größe auf Materialien eine Wirkung in eben jenen Materialien verursacht. So ruft eine Kraft in einem Festkörper eine mechanische Spannung hervor, ein Temperaturgefälle einen Wärmefluss oder eine elektrische Spannung an einem Leiter einen elektrischen Strom. Dies sind bekannte Phänomene wie etwa das Hookesche oder Ohmsche Gesetz, welche sich zunächst dadurch auszeichnen, dass Ursache und Wirkung im gleichen Energiebereich liegen, also z. B. in der mechanischen, elektrischen oder thermischen Domäne.

Wir wissen jedoch auch, dass beispielsweise ein elektrisches Feld nicht ausschließlich einen elektrischen Strom und ein Temperaturgradient nicht ausschließlich einen Wärmestrom hervorruft, sondern dass solche Effekte auch gekoppelt sein können. Hier betreten wir nun das Gebiet der Wandlermechanismen, bei denen Energie von einem Energiebereich in einen anderen übertragen wird, z. B. mechanische in elektrische oder umgekehrt. Diese Effekte bilden die Grundlage für die Konstruktion von Sensoren und Aktoren.

Im Allgemeinen werden sechs Energiedomänen unterschieden, deren Wandlungsmechanismen in der Sensorik genutzt werden. Diese sind elektrische, mechanische, magnetische, thermische, chemische (= in chemischen Bindungen von Stoffen gespeicherte) und Strahlungsenergie. Da die Sensorik letztlich der Prozessierung von Information dient, ist es sehr zweckdienlich, dass das Messignal am

G. Gerlach et al., *Einführung in die Sensorik: Grundlagen*, essentials,
https://doi.org/10.1007/978-3-662-73452-0_5

Ende der Wandlung in der elektrischen Domäne vorliegt. Daher hatten wir bereits weiter vorn beschrieben, dass ein Sensor in der Regel eine nichtelektrische Größe in ein elektrisches Messsignal wandelt. Das heißt aber nicht, dass in einem Sensor nur eine Energiewandlung auftritt. So kann etwa in einem chemischen Sensor zunächst ein Farbumschlag stattfinden, der anschließend von einer Photodiode registriert und in ein elektrisches Signal gewandelt wird, sodass insgesamt drei Energiedomänen eine Rolle spielen.

Schaut man sich die in der Natur auftretenden Wandlermechanismen genauer an, lassen sich grundsätzlich zwei verschiedene Typen unterscheiden. In einigen Fällen kann die Signal- und Energiewandlung ganz ohne zusätzlich von außen eingebrachte Energie erfolgen. Beispiel hierfür ist etwa der piezoelektrische Effekt. Bei diesen **Wandlern ohne Hilfsenergie** wird die elektrische Energie also ausschließlich aus dem Teilsystem einer anderen Energiedomäne, hier der mechanischen, gewonnen. Dabei kann die Energie in beide Richtungen zwischen den Teilsystemen fließen, sodass die Energiewandlung umkehrbar ist. Derartige Wandler werden daher als **umkehrbare Wandler** bezeichnet. Bei piezoelektrischen Festkörpern führt eine elastische Verformung zu einer Änderung der elektrischen Polarisation und somit zu einer elektrischen Spannung (direkter Piezoeffekt; Sensorprinzip). Umgekehrt verformen sich piezoelektrische Materialien bei Anlegen einer elektrischen Spannung (inverser Piezoeffekt; Aktorprinzip).

Bei **Wandlern mit (externer) Hilfsenergie** dagegen wird ein elektrischer Stromkreis durch die Messgröße beeinflusst. Dies erfolgt durch eine von der Messgröße (z. B. Temperatur oder Druck) erzwungenen Parameteränderung von passiven Bauelementen, insbesondere von resistiven (z. B. durch die Temperaturabhängigkeit von Widerständen), kapazitiven oder induktiven Bauelementen. Die Wandler werden daher auch als **parametrische Wandler** bezeichnet. Solche veränderlichen Parameter sind beispielsweise die Länge und der Querschnitt eines Sensorelements oder dessen entsprechende Materialeigenschaft, z. B. der spezifische Widerstand, die (dielektrische) Permittivität oder die magnetische Permeabilität. Der Signalfluss ist hier nur in einer Richtung, nämlich hin zur elektrischen Seite, möglich. Ein Widerstandstemperatursensor würde kein elektrisches Ausgangssignal (Ausgangsspannungsänderung) liefern, wenn er nicht elektrisch gespeist würde, z. B. durch eine Stromquelle.

Abb. 5.1 stellt die Situation noch einmal grafisch dar: Die umkehrbaren Wandler generieren die Ausgangsenergie aus der Eingangsenergie der Messgröße und erlauben den Signalfluss (= Energiefluss) ohne Hilfsenergie. Bei parametrischen Wandlern moduliert das Eingangssignal den Fluss der Hilfsenergie, wodurch das Ausgangssignal entsteht.

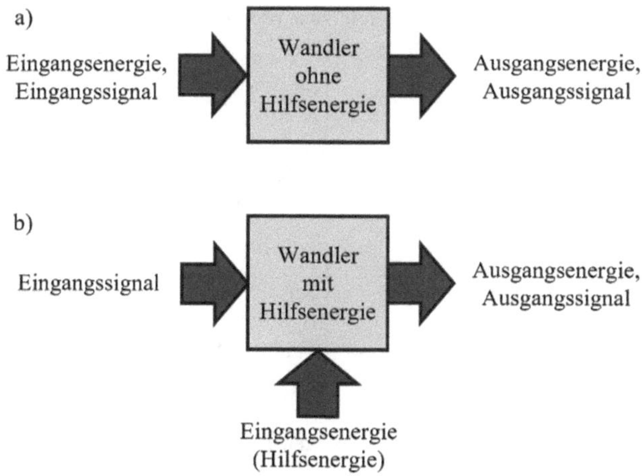

Abb. 5.1 Gegenüberstellung von Wandlern (**a**) ohne und (**b**) mit Hilfsenergie

Darüber hinaus gilt es zu erwähnen, dass sich die umkehrbaren Wandler in zwei Untergruppen unterscheiden lassen, je nachdem, ob das Wandlersystem als abgeschlossen betrachtet werden kann oder nicht. Reversible Prozesse erfordern, dass sie ohne Energieverlust zum Ursprungszustand zurückkehren, sodass Energietransport durch Wärme oder Teilchentransport (z. B. elektrischer Strom) eigentlich ausgeschlossen ist. Dies trifft bei den **statischen umkehrbaren Wandlern** zu, bei denen die Energiewandlung ohne einen Strom von Elektronen, Molekülen oder anderen Teilchen auftritt. In diesem Fall sind im Wandlerelement also nur gebundene und keine freien Ladungen verfügbar. Die Bewegung von Teilchen findet nur um eine Gleichgewichtsposition herum statt und die elektrische Leitfähigkeit ist damit gleich null. Die eingesetzten Wandlerwerkstoffe sind also dielektrische Materialien, etwa in elektrostatischen oder piezoelektrischen Wandlern.

Im Gegensatz dazu stehen sogenannten **stationäre umkehrbare Wandler**. Da bei diesen ein kontinuierlicher Transport von Energie oder Teilchen über die Systemgrenzen stattfindet, sind sie streng physikalisch meist irreversibel. Dennoch erlaubt das Onsager-Kriterium (siehe Abschn. 5.3), diese Systeme unter stationären Bedingungen mathematisch wie umkehrbare Wandler zu behandeln.

Insgesamt unterscheiden wir also drei Wandlertypen, deren Eigenschaften in Tab. 5.1 zusammengefasst sind.

Tab. 5.1 Vergleich der in Sensoren auftretenden Wandlertypen

Wandler	Statische umkehrbare Wandler	Stationäre umkehrbare Wandler	Parametrische Wandler
Hilfsenergie erforderlich	Nein	Nein	Ja
System	Geschlossenes System, kein Energietransport über Systemgrenzen hinaus	Energietransport über Systemgrenzen	Offenes System
Reversibilität	Ja	Ja[a]	Nein
Anwendung	Sensoren und Aktoren	Sensoren und Aktoren	Sensoren
Beispiel	Piezoelektrische Wandler	Thermoelektrische Wandler	Alle resistiven, kapazitiven und induktiven Sensoren

[a]Streng genommen irreversibel; unter stationären Bedingungen gemäß Onsager-Kriterium aber als umkehrbar behandelbar

5.2 Statische umkehrbare Wandler

Statische umkehrbare Wandler werden als abgeschlossene Systeme mit konstanter innerer Energie W_i betrachtet. Im Bereich der Sensorik und Aktorik ist dabei die Verkopplung zwischen der mechanischen und der elektrischen Domäne von besonderem Interesse. Abb. 5.2 gibt einen Überblick über die wichtigsten umkehrbaren elektromechanischen Wandlerprinzipien.

Die Betrachtung der statisch umkehrbaren Wandler soll im Folgenden beispielhaft für einen piezoelektrischen Sensor (und Aktor) erfolgen. Die innere Energie dieses Systems setzt sich aus der elektrischen Energie W_{el} und der mechanischen Energie W_{mech} zusammen:

$$W_i = W_{\mathrm{el}} + W_{\mathrm{mech}}. \tag{5.1}$$

Wenn das System über längere Zeiträume konstante Eigenschaften aufweisen soll, wie es ja für einen Sensor gefordert ist, dann muss die innere Energie des Systems als Zustandsfunktion konstant sein:

$$dW_i = 0. \tag{5.2}$$

Das Prinzipbild eines piezoelektrischen Wandlers ist in Abbildung Abb. 5.3a dargestellt. In der Piezokeramik wird bei Einwirkung einer Kraft eine Oberflächenladung generiert. Im umgekehrten Fall erfährt das Piezoelement bei Anlegen einer Spannung und entsprechendem Ladungstransfer eine Kompression oder Expan-

Abb. 5.2 Übersicht über wichtige umkehrbare elektromechanische Wandlerprinzipien

Elektromechanische Wandler

Elektrische Wandler
- elektrostatische Wandler
- piezoelektrische Wandler

Magnetische Wandler
- elektromagnetische Wandler
- elektrodynamische Wandler
- piezomagnetische Wandler

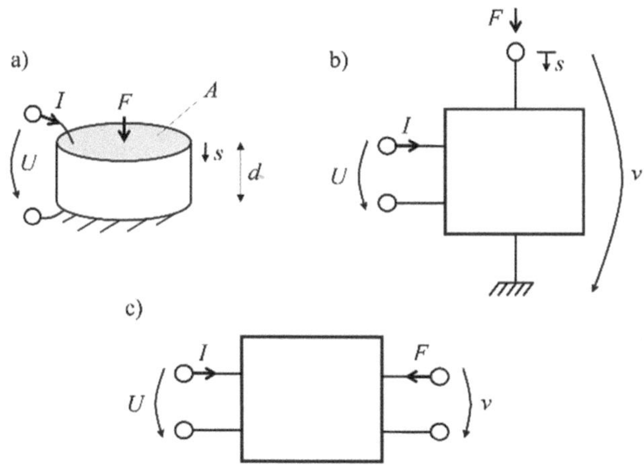

Abb. 5.3 Piezoelektrischer Wandler. (**a**) Aufbau, (**b**) Prinzipbild, (**c**) Darstellung als Kopplungsvierpol

sion und kann damit eine Kraft auf seine Umgebung ausüben. In einer idealen Piezokeramik tritt nur ein Verschiebungs-, aber kein Leitungsstrom auf, sodass die Voraussetzung des abgeschlossenen Systems für einen statischen umkehrbaren Wandler erfüllt ist.

Für ein System gemäß Abb. 5.3 gilt für die Änderung der inneren Energie

$$dW_i = UdQ + Fds. \tag{5.3}$$

Die Wandlung der Kraft F in die Spannung U (bzw. umgekehrt) hängt letztlich nur von der generierten Ladung Q und vom Weg s ab und es gilt $U = U(Q, s)$ sowie $F = F(Q, s)$. Die beiden Variablen s und Q reichen also neben F und U zur Charakterisierung des Zustandes des Systems aus, wobei nur drei der vier Größen voneinander unabhängig sind.

Von praktischem Interesse ist jedoch nicht die innere Energie (diese dient nur der Beschreibung der Eigenschaften des Systems), sondern die jeweils relevante Wandlergröße (d. h. F oder U) für die Funktion als Aktor oder Sensor. Um zu einer Beschreibung für diese Größen zu kommen, starten wir zunächst mit Ausdrücken für die Änderungen ΔU bzw. ΔF. Diese ergeben sich in Form eines vollständigen Differenzials wie folgt:

$$\Delta U = \left.\frac{\partial U}{\partial Q}\right|_{s_0} \Delta Q + \left.\frac{\partial U}{\partial s}\right|_{Q_0} \Delta s, \tag{5.4}$$

$$\Delta F = \left.\frac{\partial F}{\partial Q}\right|_{s_0} \Delta Q + \left.\frac{\partial F}{\partial s}\right|_{Q_0} \Delta s. \tag{5.5}$$

Hierbei gilt für umkehrbare Systeme:

$$\left.\frac{\partial U}{\partial s}\right|_{Q_0} = \left.\frac{\partial F}{\partial Q}\right|_{s_0} = A_0 = \text{const.} \tag{5.6}$$

A_0 bezeichnet die sogenannte Wandlerkonstante. Diese ist von der konkreten Konfiguration des Sensors, d. h. z. B. von der Fläche des aktiven Piezoelements, dessen Dicke und der Dielektrizitätskonstante (d. h. insgesamt der Kapazität) abhängig. Weiterhin sind s_0 und Q_0 die Bezugswerte für Weg und Ladung, um welche die Änderungen Δs und ΔQ herum auftreten.

Die weiteren Terme haben ebenfalls eine physikalische Bedeutung. So ist die durch

$$\left.\frac{\partial U}{\partial Q}\right|_{s_0} = \frac{1}{C_K} \tag{5.7}$$

definierte Kapazität C_K die Kapazität des festgebremsten (mechanisch „kurzgeschlossenen“, deshalb der Index K) Systems. C_K lässt sich also direkt aus Gl. (5.5) ermitteln, wenn $\Delta s = 0$ gesetzt wird bzw. s_0 konstant ist. Der verbleibende Term wird zu

$$\left.\frac{\partial F}{\partial Q}\right|_{s_0} = \frac{1}{n_L}, \tag{5.8}$$

in welchem n_L die mechanische Nachgiebigkeit des elektrisch leerlaufenden (Index L für $\Delta Q = 0$) Systems angibt. Die in den Gln. (5.6) bis (5.8) beschriebenen Zusammenhänge sind von allgemeiner Gültigkeit für statisch umkehrbare elektromechanische Systeme.

Zur einfacheren Beschreibung wechseln wir im Folgenden von der Zeit- in die Frequenzdomäne, wobei wir zunächst die FOURIER-Transformation für harmonischen Größen mit der Frequenz ω nutzen:

$$I = \frac{dQ}{dt} \rightarrow \underline{I} = \mathrm{j}\omega \underline{Q} \qquad \textit{und} \qquad \upsilon = \frac{ds}{dt} \rightarrow \underline{\upsilon} = \mathrm{j}\omega \underline{s}. \tag{5.9}$$

Der Übergang zu komplexen Frequenzen $s = \sigma + \mathrm{j}\omega$ für beliebige Zeitfunktionen ist dann später einfach über die LAPLACE-Transformation möglich.

Aus den oben angeführten Termen des vollständigen Differenzials der Gln. (5.4) und (5.5) sowie nach Ausführung der Integration ergibt sich ein Gleichungssystem als Ausdruck für U und F:

$$\underline{U} = \frac{1}{\mathrm{j}\omega C_K}\underline{I} + \frac{A_0}{\mathrm{j}\omega}\underline{\upsilon} = \underline{U}_C + \underline{U}_W \tag{5.10}$$

$$\underline{F} = \frac{A_0}{\mathrm{j}\omega}\underline{I} + \frac{1}{\mathrm{j}\omega n_L}\underline{\upsilon} = \underline{F}_W + \underline{F}_n \tag{5.11}$$

Diese Gleichungen beschreiben einen Kopplungsvierpol (Transformator) zwischen den Größen U, I, F und v, der jedoch vollständig imaginär ist. Die Gleichungen lassen sich in eine alternative Darstellung überführen, welche wie folgt lautet:

$$\underline{I} = \mathrm{j}\omega C_K \underline{U} + \frac{1}{Y}\underline{\upsilon} = \underline{I}_C + \underline{I}_W \tag{5.12}$$

$$\underline{F} = \frac{1}{Y}\underline{U} + \frac{1}{\mathrm{j}\omega n_K}\underline{\upsilon} = \underline{F}_W + \underline{F}_n \tag{5.13}$$

Hierbei bezeichnet n_K die Kurzschlussnachgiebigkeit, die sich direkt aus dem Verhältnis von Kraft $\underline{F}$ und Auslenkung $\underline{s}$ (bzw. Geschwindigkeit $\underline{\upsilon} = \mathrm{j}\omega \underline{s}$) ergibt, wenn Kurzschluss herrscht ($\underline{U} = 0$). Außerdem wurde folgende Zusammenfassung getroffen:

$$Y = \frac{1}{A_0 C_K}. \tag{5.14}$$

In Abb. 5.4 sind die Gln. (5.12) und (5.13), die den statischen umkehrbaren Wandler vollständig beschreiben, schaltungstechnisch abgebildet. Oft spricht man von einem „Ersatzschaltbild", auch wenn es sich eigentlich um eine Netzwerkdarstellung handelt. Die Pfeile für Strom und Kraft führen jeweils in das Wandlerelement in der Mitte des Netzwerks hinein und stimmen mit der Richtung der Pfeile für die Spannung und die Geschwindigkeit überein. Für einen mechanischen Sensor wäre entweder die Kraft $\underline{F}$ oder die Geschwindigkeit $\underline{\upsilon}$ (oder daraus

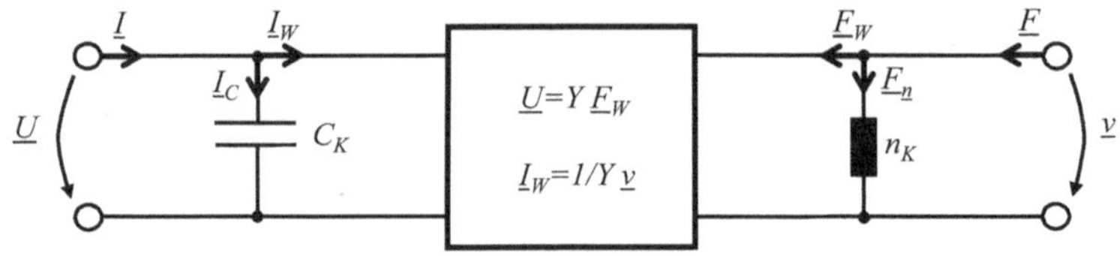

Abb. 5.4 Ersatzschaltbild eines statischen umkehrbaren Wandlers. Der zentrale Kopplungsvierpol ist rein reell und stellt einen Gyrator dar

abgeleitete Größen wie Auslenkung $\underline{s}$ oder Beschleunigung $\underline{a}$) die Messgröße, die dann zu einer Änderung des Ausgangsgrößenpaars $\{\underline{U};\underline{I}\}$ führt. Ein Teil der mechanischen Energie wird als Deformationsarbeit im Piezoelement, d. h. in der Feder n_K, gespeichert (charakterisiert durch den Kraftanteil $\underline{F}_n$), der verbleibende Anteil ($\underline{F}_W$) wird im Kopplungsvierpol in elektrische Energie gewandelt (Index W). Ein Teil dieser gewandelten Energie wird wiederum im Kondensator C_K gespeichert (proportional zum Stromanteil $\underline{I}_C$). Bei einem mechanischen Sensor stellt der Wandler einen Generator für elektrische Energie dar, sodass der effektive Stromfluss entgegen der Pfeilrichtung von $\underline{I}_W$ bzw. $\underline{I}$ ist. Mit der Definition der Pfeilrichtungen in Abb. 5.4 bedeutete dies, dass $\underline{I}_W$ bzw. $\underline{I}$ negativ wären.

Eine Besonderheit in Abb. 5.4 ist, dass die beiden Wandlergleichungen für die zentrale Wandlerbox jeweils eine Potenzialgröße ($\underline{U}$ oder $\underline{\upsilon}$) mit einer Flussgröße ($\underline{I}$ oder $\underline{F}$) verbindet. Dies unterscheidet sie von klassischen Transformatoren, wo jeweils die Spannungen und die Ströme miteinander verbunden sind. Deshalb spricht man hier von einem Gyrator. Dieses Wort stammt vom griechischen *gyros* für *drehen* ab. Diese „Drehung" nimmt Bezug darauf, dass in einem Gyrator die Wandlung stets zwischen einer Potenzial- und einer Flussgröße stattfindet.

Schließlich muss auch vermerkt werden, dass – im Gegensatz zu den Gln. (5.10) und (5.11) – die Größen in der Wandlerbox von Abb. 5.4 jetzt rein reell sind.

Die Wandlergleichungen (5.12) und (5.13) lassen sich nun verallgemeinern, um sie zur Beschreibung verschiedenster Arten elektromechanischer Sensoren anzuwenden:

$$\begin{pmatrix} \underline{I} \\ \underline{F} \end{pmatrix} = \begin{pmatrix} \gamma_{11} & \gamma_{12} \\ \gamma_{21} & \gamma_{22} \end{pmatrix} \cdot \begin{pmatrix} \underline{U} \\ \underline{\upsilon} \end{pmatrix}. \tag{5.15}$$

Wie weiter oben bereits beschrieben, wird für statische Wandler dabei einerseits die Konstanz der Koeffizienten γ_{ij} gefordert, für die Umkehrbarkeit gilt zusätzlich $\gamma_{12} = \gamma_{21}$.

Zur weiteren Vertiefung des Verständnisses des Wandlermechanismus schauen wir uns am Beispiel des piezoelektrischen Wandlers das Systemverhalten für verschiedene elektrische Randbedingungen an, da diese starken Einfluss auf dessen Eigenschaften haben:

Kurzschlussfall ($\underline{U} = 0$)
Für die weiteren Betrachtungen benutzen wir die Formulierung für den Gyrator gemäß den Gln. (5.12) und (5.13). Im Kurzschlussfall bricht die elektrische Seite des Vierpols faktisch komplett in sich zusammen, da aus $\underline{U} = 0$ entsprechend der Wandlergleichung $\underline{F}_W = 0$ folgt. Damit wirkt die auf der mechanischen Seite des Gyrators (Abb. 5.4) eingeleitete Kraft nur auf die Feder, sodass deren Nachgiebigkeit im Kurzschlussfall direkt gemessen bzw. bestimmt werden kann:

$$\frac{\underline{v}}{\underline{F}} = j\omega n_K. \tag{5.16}$$

Die Größe n_K wird deshalb als Kurzschlussnachgiebigkeit der Feder bezeichnet.

Leerlauffall ($\underline{I} = 0$)
Im Leerlauffall fließt zwischen den beiden linken Elektroden in Abb. 5.4 kein Strom. Die gesamte Spannung $\underline{U}$ fällt über C_K ab. Der Zusammenhang zwischen Geschwindigkeit $\underline{\upsilon}$ und Kraft $\underline{F}$ ergibt sich analog zu Gl. (5.16) somit zu:

$$\frac{\underline{\upsilon}}{\underline{F}} = Y^2 \frac{\underline{I}_W}{\underline{U}} = Y^2 j\omega C_K = j\omega\left(Y^2 C_K\right) = j\omega n_L. \tag{5.17}$$

Hier wurde im letzten Schritt die Zusammenfassung $n_L = Y^2C$ genutzt, da im Mechanischen diese Größe eine Nachgiebigkeit darstellt. Dies ist ein interessantes Ergebnis: Im Leerlauffall wirkt die Kapazität C_K mechanisch wie eine zusätzliche Nachgiebigkeit n_C. Diese ist der Kurzschlussnachgiebigkeit n_K parallel geschaltet und führt für den Leerlauffall zu einer Gesamtnachgiebigkeit $n_L = (n_K + n_C)/(n_K \cdot n_C)$, wobei $n_L < n_K$ gilt. Das Piezoelement ist im Leerlauffall folglich steifer, d. h. weniger nachgiebig als im Kurzschlussfall. Dies findet praktische Anwendung bei der Schwingungsdämpfung, u. a. in technischen Systemen oder Sportgeräten.

5.3 Stationäre umkehrbare Wandler

Wie bereits in Abschn. 5.1 dargestellt, sind viele Wandler keine abgeschlossenen Systeme, sondern es treten im Gegensatz zum Fall der statischen umkehrbaren Wandler Transportprozesse von Ladungen Q, von Teilchen oder von Wärmeenergie W_{th} auf. Diese Prozesse werden von den in Tab. 5.2 angegebenen Gradienten angetrieben und führen zu den ebenfalls dort benannten Stromdichten.

Mit diesen Prozessen ist also ein räumlicher Energietransport über die Wandler- bzw. Systemgrenzen hinaus verbunden, sodass diese Wandlersysteme zunächst nicht mehr als abgeschlossen betrachtet werden können. So besteht im Falle von Wärmetransport kein thermisches Gleichgewicht. Allerdings lässt sich gemäß der Onsager-Theorie (Kwaaitaal 1993) die Reversibilität der thermodynamischen Prozesse auf mikroskopischer Skala weiterhin nutzen, wenn sich zu jeder Flussgröße j_i ein antreibender Gradient X_i finden lässt, sodass das Produkt aus j_i und X_i einer Entropieerzeugung entspricht (Onsager-Kriterium):

$$j_i \cdot X_i = \frac{1}{V}\frac{dS}{dt}. \tag{5.18}$$

Hier sind S die Entropie und V das Volumen. Für die Beschreibung solcher reziproken Beziehungen für thermodynamisch eigentlich irreversible Prozesse wurde der norwegischen Physikochemiker Lars Onsager 1968 mit dem Nobelpreis für Chemie ausgezeichnet.

Die Bedingung von Gl. (5.18) ist beispielsweise für den elektrischen Driftstrom und den thermischen Wärmestrom als in der Sensorik besonders wichtige Größen nachgewiesen worden (Kwaaitaal 1993). Konkret lauten die beiden Zusammenhänge:

$$j_{el} \cdot X_{el} = j_{el} \cdot \frac{E}{T}, \tag{5.19}$$

$$j_{th} \cdot X_{th} = j_{th} \cdot \left(-\frac{\nabla T}{T^2} \right). \tag{5.20}$$

Tab. 5.2 Transportprozesse in stationären umkehrbaren Wandlern

Größe	Gradient	Stromdichte
Ladung Q	elektrischer Potenzialgradient $\nabla\Phi$	elektrische Stromdichte $j_{el} = d^2Q/(dt \cdot dA)$
Teilchenanzahl N	Stoffmengengradient ∇N	Teilchenstromdichte $j_N = d^2N/(dt \cdot dA)$
Wärmeenergie W_{th}	Temperaturgradient ∇T	Wärmestromdichte $j_{th} = d^2W_{th}/(dt \cdot dA)$

Dabei ist T die absolute Temperatur. In Anlehnung an die Gln. (5.15) können wir z. B. für thermoelektrische Wandler zwei Größenpaare $\{j_1, X_1\}$ und $\{j_2, X_2\}$ koppeln:

$$\begin{pmatrix} j_1 \\ j_2 \end{pmatrix} = \begin{pmatrix} \gamma_{11} & \gamma_{12} \\ \gamma_{21} & \gamma_{22} \end{pmatrix} \cdot \begin{pmatrix} X_1 \\ X_2 \end{pmatrix}. \tag{5.21}$$

Für die Umkehrbarkeit muss wiederum $\gamma_{12} = \gamma_{21}$ gelten. Im Beispiel des elektrischen Driftstroms und des Wärmestroms wird elektrische Energie in thermische Energie und umgekehrt gewandelt. Die Wandlergleichungen lauten in diesem Fall (Gerlach und Dötzel 2008):

$$\begin{pmatrix} j_{el} \\ j_{th} \end{pmatrix} = \begin{pmatrix} \frac{1}{\rho} T & \frac{1}{\rho} \alpha_S T^2 \\ \frac{1}{\rho} \alpha_S T^2 & \lambda T^2 + \frac{1}{\rho} \alpha_S^2 T^3 \end{pmatrix} \cdot \begin{pmatrix} \frac{E}{T} \\ -\frac{\nabla T}{T^2} \end{pmatrix}. \tag{5.22}$$

Hierbei sind ρ der spezifische elektrische Widerstand, α_S der Seebeck-Koeffizient und λ die Wärmeleitfähigkeit. Aus Gl. (5.22) lassen sich neben dem Ohmschen Gesetz ($E = \rho \cdot j_{el}$ für $\nabla T = 0$) und dem Fourier-Gesetz vor allem die beiden Wandlermechanismen des Peltier- und des Seebeck-Effekts ableiten.

Seebeck-Effekt

Ein Temperaturgradient ∇T zwischen zwei Orten eines Leiters führt zu einer Feldstärke E zwischen diesen beiden Punkten. Die Voraussetzung dafür ist, dass kein Stromfluss zwischen den Orten zugelassen wird. Setzen wir in der ersten Zeile von Gl. (5.22) also $j_{el} = 0$, so ergibt sich:

$$E = \alpha_S \nabla T \qquad \text{bzw.} \qquad U = \alpha_s \Delta T. \tag{5.23}$$

Hierbei sind ∇T der Temperaturgradient (Einheit K/m) und ΔT die Temperaturdifferenz zwischen den beiden betrachteten Orten (z. B. längs eines Leiters) in K.

Peltiereffekt

Der Peltiereffekt ist die Umkehrung des Seebeck-Effekts und wird häufig zur thermoelektrischen Kühlung eingesetzt. Die Voraussetzung für diesen Effekt ist eine homogene Temperatur entlang des Leiters, d. h. $\nabla T = 0$. Damit wird Gl. (5.22) zu

$$\begin{pmatrix} j_{el} \\ j_{th} \end{pmatrix} = \begin{pmatrix} \frac{1}{\rho} E \\ \frac{1}{\rho} \alpha_S T E \end{pmatrix}. \tag{5.24}$$

Setzt man die beiden Teilgleichungen ineinander ein, so führt dies zum (umkehrbaren) Zusammenhang zwischen der elektrischen und der thermischen Stromdichte:

$$j_{th} = \alpha_S T j_{el}. \tag{5.25}$$

5.4 Parametrische Wandler

Wie in Abschn. 5.1 beschrieben, kann die Energiewandlung in umkehrbaren elektromechanischen Wandlern zwischen dem mechanischen und dem elektrischen Teilsystem in beiden Richtungen erfolgen. Dies erlaubt die Konstruktion sowohl von Sensoren als auch Aktoren. Weniger geeignet sind diese Wandlertypen jedoch für statische Messungen. Ohne zeitliche Änderung der (mechanischen) Eingangsgröße geben die Systeme eben keine elektrische Leistung ab. Energieverluste des Gesamtsystems (etwa durch die Auswerteelektronik und dem dort vorhandenen endlichen Eingangswiderstand) können somit nicht ausgeglichen werden. Für derartige Anwendungen sind parametrische Wandler die bessere Wahl.

Den Unterschied zwischen umkehrbaren und parametrischen Wandlern wollen wir wieder am Beispiel elektromechanischer Wandler betrachten. Im Fall der piezoelektrischen Sensoren und Aktoren sind die elektrischen und mechanischen Eigenschaften jedoch über das piezoelektrische Material untrennbar miteinander verknüpft. Um die beiden Domänen getrennt voneinander untersuchen zu können, nutzen wir einen Plattenkondensator gemäß Abb. 5.5 (Ballas und Pfeifer 2009). Die obere Elektrode dieses elektrostatischen Wandlers lässt sich ausschließlich parallel zur unteren, feststehenden Elektrode verschieben. Die Überdeckungsfläche im Ausgangszustand beträgt $a \cdot b$, und der Abstand der Elektroden d. Für diesen Ausgangszustand hat die Feder, an der die obere Elektrode befestigt ist, die Nachgiebigkeit n.

Wird, wie in Abb. 5.5 gezeigt, eine Spannung $\underline{U}$ angelegt, so bildet sich zwischen den Elektroden ein elektrisches Feld aus. Da die beiden Platten gegeneinander verschoben sind, ist dieses Feld insbesondere an den Plattenrändern inhomogen, sodass eine elektrische Kraft $\underline{F}_{el}$ mit einer Komponente parallel zu den Platten entsteht. Es kommt daher zu einer Bewegung der oberen Platte, welche in Richtung einer stärkeren Überdeckung beider Platten strebt. Mathematisch ergibt sich die Kraft $\underline{F}_{el}$ aus der Änderung der elektrostatischen Feldenergie im Kondensator bei Verschiebung um $s = \Delta b$:

$$\underline{F}_{el} = \frac{dW_{el}}{db} = \frac{d\left(\underline{Q}^2 / 2C\right)}{db} = \frac{\underline{Q}^2}{2} \frac{d}{db}\left(\varepsilon \frac{a \cdot b}{d}\right). \tag{5.26}$$

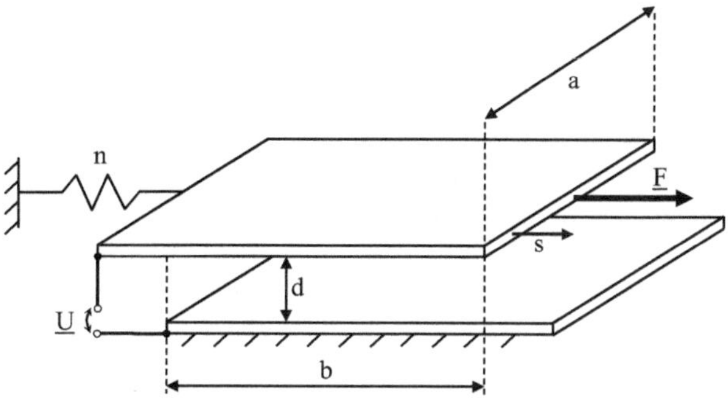

Abb. 5.5 Elektrostatischer Wandler in Form eines Plattenkondensators mit beweglicher oberer Platte

Für den Betrieb dieses Wandlers wird zunächst eine Gleichspannung U_0 angelegt, welche gemäß Gl. (5.26) eine Gegenkraft $\underline{F}_{el}$ zur mechanischen Kraft der Feder auslöst. Dieser Gleichspannung ist nun eine veränderliche Spannung $\underline{U}$ überlagert. Für diese Konfiguration gelten die Wandlergleichungen:

$$\underline{I} = \mathrm{j}\omega C_K \underline{U} + \varepsilon \frac{aU_0}{d} \underline{\upsilon} = \underline{I}_C + \underline{I}_W, \tag{5.27}$$

$$\underline{F} = \varepsilon \frac{aU_0}{d} \underline{U} + \frac{1}{j\omega n} \underline{\upsilon} = \underline{F}_W + \underline{F}_n. \tag{5.28}$$

Diese entsprechen genau der Form der Gln. (5.12) und (5.13) bzw. (5.15). Zur Aufhebung der Verkopplung von mechanischen und elektrischen Eigenschaften lassen wir nun die Feder in Abb. 5.5 und die Offsetspannung U_0 weg. Dann gilt für die Koeffizienten γ_{ij} also $U_0 = 0$ und $n \to \infty$. Dies führt zu $\gamma_{12} = \gamma_{21} = 0$ und $\gamma_{22} = 0$. Insgesamt wird der Wandler dann durch folgende Gleichung beschrieben:

$$\underline{I} = \gamma_{11} \underline{U} = j\omega\varepsilon \frac{ab}{d} \underline{U} = j\omega C \underline{U}. \tag{5.29}$$

Der Wandler ist nun nicht mehr umkehrbar, sondern ein reiner kapazitiver Wegsensor (sensitiv auf den Parameter s). Eine Änderung der Spannung U führt aufgrund der fehlenden Gegenkraft der Feder nicht mehr zu einer definierten Änderung der Auslenkung s. Eine Kapazitätsänderung kann durch Änderung aller Größen im verbleibenden Koeffizienten γ_{11} erreicht werden, sodass das System als Sensor für diese Messgrößen dienen kann.

Zusammenfassend können zu parametrischen Wandlern folgende Punkte angeführt werden:

- Parametrische Wandler finden als Sensoren Anwendung, nicht als Aktoren. Für Aktoren finden umkehrbare Wandlerprinzipien Anwendung.
- Alle resistiven, induktiven und kapazitiven Sensoren sind parametrische Wandler.
- Aus kapazitiven und induktiven Wandlern können durch Einfügen einer Rückstellkraft (insbesondere über eine mechanische Feder) umkehrbare Wandler aufgebaut werden.

Was Sie aus diesem *essential* mitnehmen können

- Ein Sensor ist ein Gerät, das auf einen Stimulus (Messgröße) reagiert und ein damit verbundenes nützliches Signal erzeugt. Dieses „nützliche Signal" kann je nach der Stufe der Messsignalerfassung und -verarbeitung ganz unterschiedliche Eigenschaften haben: analog, analog standardisiert, digital.
- Das Grundproblem des Messens mit Sensoren besteht darin, dass nur das Sensorausgangssignal bekannt ist, von dem auf den Wert der Messgröße zurückgeschlossen werden soll, während die zu messende Messgröße selbst und die im Praktischen immer auftretenden Störungen mehr oder weniger unbekannt sind. Der Ausweg besteht in der Angabe sowohl eines wahrscheinlichsten Wertes für die Messgröße als auch einer dazugehörigen Messunsicherheit. Für letztere finden sich in den Datenblättern von Sensoren spezielle Genauigkeitsparameter.
- Die Genauigkeit von Sensoren hat einen zentralen Einfluss auf die Gesamtunsicherheit eines Messvorgangs. Als Quelle für Informationen zur Genauigkeit stehen häufig nur die Datenblätter der Sensoren zur Verfügung. Diese werden von den Herstellern der Sensoren und nicht von einer neutralen Stelle zur Verfügung gestellt. Deshalb ist es für den Nutzer von Sensoren immer sinnvoll, die entsprechenden Datenblattangaben kritisch zu hinterfragen.
- Die allgemeinen Anforderungen an Sensoren lassen sich mit der Abkürzung S^6 charakterisieren: Sensitivität, Selektivität, Stabilität, Signal-Rausch-Verhältnis, Schnelle Ansprechgeschwindigkeit und „Sales".
- Sensoren lassen sich hinsichtlich verschiedener Kriterien klassifizieren: Messgröße, Ausgangssignal, Messprinzip, Typ der Energiewandlung, Herstellungstechnologie/Packaging und Anwendungsbereich.

G. Gerlach et al., *Einführung in die Sensorik: Grundlagen*, essentials,
https://doi.org/10.1007/978-3-662-73452-0

- Im Fall eines idealen Sensors hängen die Messgröße und die Sensorausgangsgröße linear zusammen. In der realen Anwendung tritt jedoch eine Vielzahl praktisch wichtiger Effekte auf, welche Einfluss auf Charakteristik und Übertragungsverhalten von Sensoren haben. Das sind z. B. der Temperatureinfluss auf Offsetspannung und Sensitivität, die Nichtlinearität der Kennlinie, das Einschwingverhalten nach Änderungen der Messgröße, Hystereseeffekte und Rauschprozesse.
- Die Wirkung unerwünschter Einflüsse lässt sich reduzieren durch Korrektur (z. B. durch Mehrfachmessung und anschließendes Mitteln der Messwerte oder das parallele Aufnehmen einer Störgröße), durch Kompensation (z. B. durch Nutzung der Differenzmethode) oder durch Abschirmen (z. B. durch Isolation des Messsystems von der Umgebung).
- Durch die gezielte Nutzung bestimmter Messmethoden – insbesondere der Differenz- und der Kompensationsmethode – lassen sich die Eigenschaften von Sensoren im Hinblick auf Sensitivität, Störgrößeneinfluss und Nichtlinearität verbessern.

Literatur

W. Brostow, G. Granowski, N. Hnatchuk, J. Sharp, J.B. White: Thermoelectric phenomena. Journal of Materials Education 36 (2024) 5–6, 175–186.

H. Hertz: Ueber einen Einfluss des ultravioletten Lichtes auf die electrische Entladung. In: Annalen der Physik und Chemie. 267 (1887) 8, 983–1000.

C.S. Smith: Piezoresistance effect in germanium and silicon. Physical Review 94 (1954) 1, 42–49.

Sensor Trends 2030. Studie. AMA Association for Sensors and Measurement in Zusammenarbeit mit VDI, 2025.

G. Gerlach, K.-D. Sommer: Messunsicherheit. Kurz und praktisch – Für Ingenieure und Naturwissenschaftler. Berlin, Boston: Walter de Gruyter 2024.

G. Gerlach: The long and rocky road from academic sensor research to industrial mass production. Invited talk, MKM 2023 Międzyuczelniana Konferencja Metrologów, Wroclaw, 20.-22.09.2023. In: M. R. Rzasy (Ed.): Metrologia. Opole: Poltechnika Opolska 2023. 99–106.

W. Göpel et al. (Eds): Sensors: A Comprehensive Survey, Volumes 1–9; Sensors; Update, Volume 1–9. Wiley-VCH. n.d.

International Vocabulary of Metrology – Basic and General Concepts and Associated Terms (VIM). 3. Aufl. JCGM 200:2012.

B. Brinkmann: Internationales Wörterbuch der Metrologie. Grundlegende und allgemeine Begriffe und zugeordnete Benennungen (VIM) – Deutsch-englische Fassung. ISO/IEC-Leitfaden 99:2007. 4. Aufl. Berlin, Wien, Zürich: Beuth Verlag 2012.

G. Gerlach, S. Nihtianov: What is a sensor? A discussion paper. IEEE Sensors Magazine 1 (2026) 1.

S. Middlehoek, S.A. Audet: Silicon Sensors. London: Academic Press 1989.

S. Middelhoek: The sensor cube revisited. Sensors and Materials 10 (1998), 397–404.

R. Werthschützky: Mess- und Sensortechnik (MT I), Band 1: Elektrisches Messen mechanischer Größen. Skriptum zur Vorlesung. Technische Universität Darmstadt, Institut für Elektromechanische Konstruktionen 2007.

A. Blum: Elektronisches Rauschen. 1996, Teubner.

G. Gerlach et al., *Einführung in die Sensorik: Grundlagen*, essentials,
https://doi.org/10.1007/978-3-662-73452-0

U. Kiencke, H. Kronmüller, R. Eger: Messtechnik. Systemtheorie für Elektrotechniker. 7. Auflage 2008, Springer.

Joint Committee for Guides in Metrology: Guide to the expression of uncertainty in measurement, 2008.

DIN EN 60051-1:2017-11 (VDE 0411-51-1:2017-11): Direkt wirkend anzeigende analoge elektrische Messgeräte und ihr Zubehör – Teil 1: Definitionen und allgemeine Anforderungen für alle Teile (IEC 60051-1:2016).

Drucksensor IPS. Datenblatt. Intelligente Sensorsysteme Dresden GmbH. https://www.i2s-sensors.de/produkte/drucksensor-ips.html. n.d.

V. Schulz, G. Gerlach, K. Röbenack: Compensation method in sensor technology: a system-based description. Journal of Sensors and Sensor Systems 1 (2012), 5–27.

T. Kwaaitaal: The fundamentals of sensors. Sensors and Actuators 39, 103, 1993.

G. Gerlach, W. Dötzel: Introduction to Microsystem Technology. Wiley 2008.

R. G. Ballas, G. Pfeifer, R. Werthschützky: Elektromechanische Systeme in der Mikrosystemtechnik und Mechatronik. Springer Verlag 2009.

FSC
www.fsc.org
MIX
Papier | Fördert gute Waldnutzung
FSC® C083411

Zeitfracht Medien GmbH
Ferdinand-Jühlke-Straße 7
99095 Erfurt, Deutschland
produktsicherheit@kolibri360.de